樹木博物館

獻給莎莉、珍妮佛、羅伯特，感謝你們理解我對樹的熱情。——東尼·柯克罕
獻給在我繪製這本書時，不斷讓我分心的威洛和瑪雅。——凱蒂·史考特

樹木博物館
Welcome to the Museum: Arboretum

作者·凱蒂·史考特 (Katie Scott)、東尼·柯克罕 (Tony Kirkham)　|　譯者·楊詠翔　|　責任編輯·楊琇茹　|　行銷企畫·陳詩韻　|　總編輯·賴淑玲　|　排版美術·陳宛昀　|　審訂·葉綠舒　|　社長·郭重興 | 發行人兼出版總監·曾大福 | 出版者·大家／遠足文化事業股份有限公司　|　發行·遠足文化事業股份有限公司 231 新北市新店區民權路108-2號9樓　|　電話·(02)2218-1417　|　傳真·(02)8667-1851　|　劃撥帳號·19504465　戶名·遠足文化事業有限公司　|　法律顧問·華洋法律事務所　蘇文生律師　|　ISBN·978-986-5562-77-9　|　定價·900元　|　初版一刷·2023年01月　|　有著作權·侵犯必究　|　本書僅代表作者言論，不代表本公司／出版集團之立場與意見 | 本書如有缺頁、破損、裝訂錯誤，請寄回更換

First published in the UK in 2022 by Big Picture Press,an imprint of Bonnier Books UK,
4th Floor,Victoria House, Bloomsbury Square, London WC1B 4DA
Owned by Bonnier Books
Sveavägen 56, Stockholm, Sweden
www.bonnierbooks.co.uk

This book was produced in association with the Royal Botanic Gardens, Kew.

樹木博物館/凱蒂.史考特(Katie　Scott)繪圖，東尼.柯克罕
(Tony Kirkham)撰文；楊詠翔譯.-- 初版 -- 新北市：大家出版，
遠足文化事業股份有限公司, 2023.01
　面；　公分
譯目：Welcome to the museum：Arboretum
ISBN 978-986-5562-77-9(精裝)
1.CST:樹木

　　　　　436.1111　　　111014835

樹木博物館

繪圖／凱蒂·史考特（Katie Scott）

撰文／東尼·柯克罕（Tony Kirkham）

序言

走進一片天然的森林，站在紅杉或猢猻木這類雄偉的巨樹下，是種令人屏息、心生敬畏的經驗，會讓我們得到一生難忘的美好回憶。

除了南極洲之外，地球上所有大陸都可以找到森林，其中包含超過5萬8千種樹種，精確點來説是58,497種。雖然對許多人來説，這些樹看起來都一樣，但其實每棵樹都非常特別，擁有自己的需求、性格、故事。樹木是地球之肺，提供我們呼吸的氧氣，同時也能改善空氣品質，風暴來襲時還可以減少水土流失而保育土壤，並將碳儲存在根部和樹幹，在天然和人為災害中保護人類。

數萬年來，樹木對人類的生存都非常重要，許多文化都崇拜樹木，樹木也提供人類生存所需的重要物資：從用在建築和運輸的木材，到我們每天吃的水果、堅果、香料，日本歷史悠久的森林浴甚至還能幫助我們排解壓力、振奮精神、對抗疾病。

樹木也會形塑我們居住其中的世界，遺憾的是，我們卻常常將其視為理所當然。目前世界上有30%的樹種瀕臨絕種，而且至少有142種樹已在野外絕跡。我們承受不起失去更多樹種的代價了。即使我們每天忙於生活，仍然必須想想那些種植在花園、公園、都市造景中的樹木，以及世界各地的森林，並記得要是沒有這些樹，這顆星球就會變得更加貧瘠，不僅大量多元的物種，包括植物、真菌、昆蟲、哺乳類、鳥類，都會失去家園，導致大規模絕種，這個多彩多姿的世界也會失去賴以為生的基礎。

隨著許多棲地越發脆弱，我們迫切需要保育剩下的森林，這樣能使我們的世界回復到良好狀態，保護地球上所有生靈，並讓未來的世代能夠和我們現在一樣，享受樹木帶來的美好。

大英帝國勳章、英國皇家園藝學會維多利亞榮譽勳章授勳人，東尼・柯克罕
英國皇家植物園

樹木博物館

入口

歡迎來到
樹木博物館

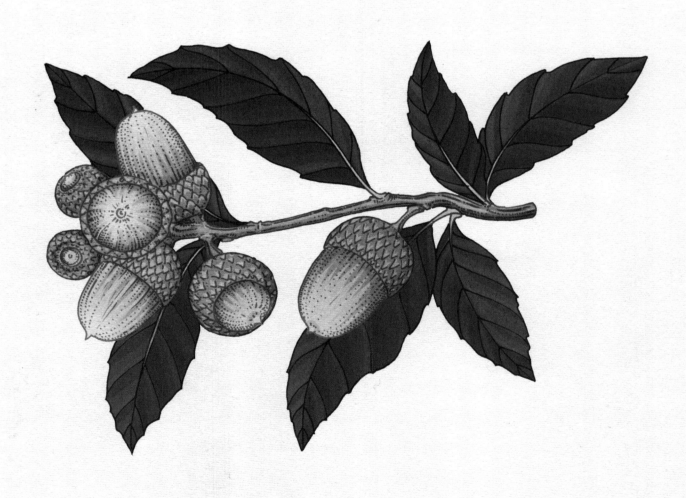

本書的英文書名arboretum，指的是「有樹的地方」，這本美麗的書將帶你遊歷全球的森林，現在就踏出戶外，準備好前往茂密的森林、冰凍的地表、熱帶雨林，和精緻的庭園吧。歡迎來到樹木博物館！

樹木博物館蒐集了超過150種樹，每個角落都充滿驚喜，你將會讚嘆數百歲的雄偉巨樹、吸進盛放櫻花的甜香和松樹的清新香氣、駐足採集美味的芒果和檸檬，並沉浸在樹木背後的各種精采故事中，例如瘧疾樹的苦澀樹皮，就曾協助人類對抗瘧疾。

這趟旅程將從野外沼地的石炭紀森林展開，數百萬年前，世界上最古老的樹木便是在此發展演化。從最初的起源，到今日已在地球占據重要地位，樹木長期以來總是為我們帶來許多啟發，並影響人類生活的方方面面，從我們呼吸的空氣和吃下的食物，到我們打造的產物和接受的治療都包括在內。

現在地球面臨前所未有的挑戰，學習如何和這些巨大的生物共存，可說再重要不過，而要保育大自然，就必須先深入理解它。

走進樹木博物館的大門，展開這趟旅程吧！

世界上的生物群落

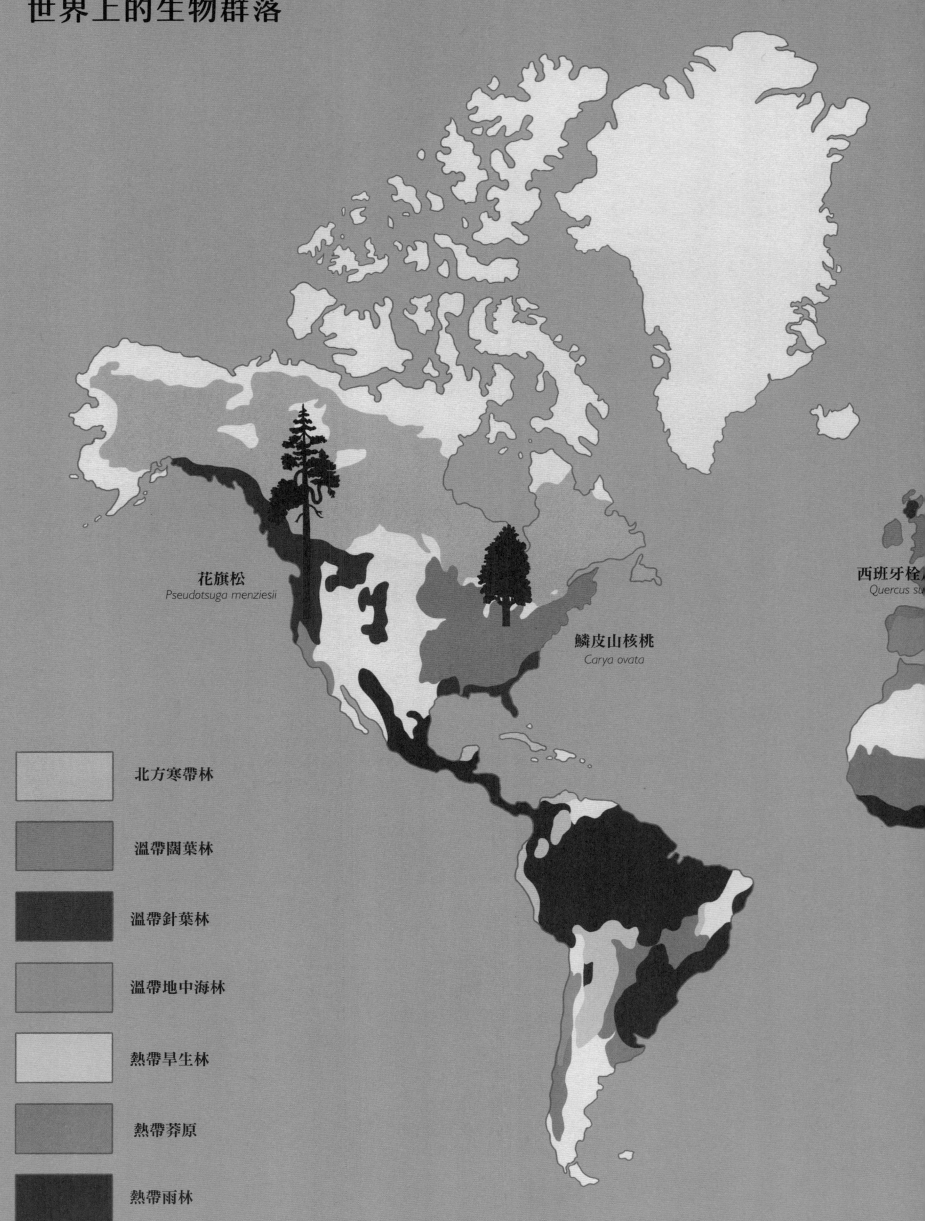

花旗松
Pseudotsuga menziesii

鱗皮山核桃
Carya ovata

西班牙栓皮
Quercus su

北方寒帶林

溫帶闊葉林

溫帶針葉林

溫帶地中海林

熱帶旱生林

熱帶莽原

熱帶雨林

琪桐
Davidia involucrata

黃柳桉
Shorea faguetiana

猢猻木
Adansonia digitata

樹木是什麼？

大家都愛樹，樹木美麗、優雅、對生命相當重要。我們四周有很多樹，形成林地和森林，有時也會自成一片風景，甚至樹木也會來到人類的城鎮。但你曾經停下腳步仔細觀察一棵樹嗎？你有沒有想過，樹木和其他植物有什麼不同之處？

樹木的形狀和高矮多變，最小的如盆栽，大的如高達115公尺的巨大紅杉。樹木最重要的特徵便是木質的莖部，稱為樹幹，每年都會長高、變粗。

樹幹撐起了大片樹枝，大樹枝為了獲取日照又會分叉出小樹枝，向上及向外延伸，形成所謂的樹冠。

樹枝的末端則是細枝和嫩芽，會長出樹芽、樹葉、花朵，和果實，盡可能運用林地、森林及植物園頂層最棒的日照條件。一棵成熟橡樹的樹冠大約有10萬片樹葉。

樹幹有年輪，讓我們很容易便能判斷樹的年齡，每一圈都代表一年的時光，某些樹木的年輪就可能超過四千圈，例如地球上最古老的刺果松。

樹木最重要的部分是根系，長在地底，我們其實看不到。根系的主要功能便是將樹木固定在土壤中，使其屹立不搖（特別是在遭遇強風時），還有吸收水分和營養，再傳遞到樹幹，進而分送到其他部分形成養分。

和一般的觀念恰恰相反，樹木的根系其實非常淺，大約位於土壤下60公分，並由此往外延伸，獲取豐富的氧氣、水分、營養維生，而非向下扎進乾燥貧瘠的土壤中。

--- 圖 片 解 說 ---

1.樹幹橫切面
樹幹含有特殊的細胞，可以在各部位運送水分和養分，外部則是包著一層或粗糙或光滑的樹皮。樹皮由死去細胞形成，可以保護樹木輸送水分的部位，不受嚴苛的氣溫、害蟲、疾病，和飢餓的動物影響。
a) 樹皮
b) 內皮
c) 形成層
d) 邊材
e) 心材
f) 髓
g) 年輪

2.葉片
葉片是進行光合作用的主要部位，也依此目的演化出寬闊平坦的表面。
a) 葉尖
b) 葉緣
c) 葉脈
d) 主葉脈
e) 葉柄
f) 葉腋
g) 莖部

3.樹木
a) 樹冠
b) 樹幹
c) 主枝
d) 側枝
e) 根系
f) 樹根
g) 滴水線
滴水線會延伸到樹冠外緣，雨水在葉片間流淌，如同水沿著屋頂瓷磚流動，最終才從邊緣滴落下方的地面。

4.樹木的形狀
樹木自然而然便會長成不同形狀。
a) 金字塔型
b) 擴散型
c) 水滴型

1a
1b
1c
1d
1e
1f
1g

2a
2b
2c
2d
2e
2f
2g

3a
3b
3c
3d
3e
3f
3g

4a
4b
4c

樹木如何溝通？

樹木通常生長在世界各地的林地或森林中，只有在非常罕見的情況下，才會單獨生長。健康的林地便是樹木的社群，由地底下的菌類網路互相連結，稱為菌根，堪稱「樹際網路」，在4億年前便已出現，範圍可達數百公里遠，是樹木彼此交換重要資訊和養分的工具，對整座森林的存續相當重要。

菌根的英文mycorrhizae是由代表「菌類」（myco）和「根」（rhiza）的希臘單字組成，是樹根和土壤接觸之處，樹木是真菌的宿主，可以把自己透過光合作用產生的糖分提供給真菌，最多提供30%（光合作用是植物運用陽光製造養分的過程）。作為回報，真菌則提供樹木碳、氮和其他養分，同時還能加強吸收水分，這個功能在乾季尤其有用，對生長在陰涼處、光合作用不足的年輕小樹來說亦然。

不過研究顯示，菌根網路的功能不只如此。樹木也可以運用菌絲來溝通，就和光纖電纜一樣，從傳送跟害蟲及疾病有關的痛苦訊號，讓鄰近的樹木得以產生化學物質保護自己，到傳輸多餘的養分給森林中其他垂死的樹木等。針對花旗松的研究，甚至顯示親代可以找出子代，提供額外的養分和資訊，以提高其存活機率。

因為溝通傳遞活動發生在顯微鏡才能觀察到的層面，而且位在地底深處，所以地表上沒有太多證據顯示出地底下的複雜互動，但是每年都會出現許多跡象，顯示健康的菌根網路正在蓬勃發展：傘菌和蘑菇是這個網路的孢子，會從森林的枯枝敗葉中冒出來繁殖。我們也永遠可以在和真菌形成共生關係的樹木附近找到這些菌

類，例如松樹旁就常常會出現可以食用的牛肝菌和雞油菌，橡樹（櫟屬）和山毛櫸
（水青岡屬）旁則是可以發現黑松露和白松露。不過也有某些真菌具有毒性，像是
常見於樺樹和松樹林的毒蠅傘。

圖 片 解 說

1.樺樹
學名：*Betula pendula*
高度：25公尺
樺樹是成功的先驅種，可以和多
種菌類形成菌根，並和鄰近的橡
樹及松樹共享真菌，同時也會有
自己專用的菌種，使得樺樹林的
真菌相當豐富。

2. 歐洲松
學名：*Pinus sylvestris*
高度：35公尺
歐洲松是不列顛群島三種原生針
葉樹之一，能夠和超過200種不
同的真菌形成菌根，包括牛肝菌
和雞油菌。

3.英國櫟
學名：*Quercus robur*
高度：40公尺
櫟樹的壽命可以長達超過千年，
生物多樣性相當豐富，還可以養
活超過2,300種不同的藻類、苔
蘚、地衣、真菌、哺乳類、鳥
類，和昆蟲，其中有超過350種
為專屬物種，表示其只能和橡樹
一起生存。

4.毒蠅傘
學名：*Amanita muscaria*
落葉林和針葉林中的有毒真菌，
時常成圈出現，稱為仙子圈。

5.牛肝菌
學名：*Boletus edulis*
可以在超過15個不同的針葉樹屬
附近找到，包括松樹、雲杉、花
旗松。

6.黑松露
學名：*Tuber melanosporum*
人類自1808年起，就在橡樹上培
育黑松露，這種美食相當昂貴，
因為種植、保存、收成皆相當困
難。

最古老的樹木

在距今3億5,900萬年前到2億9,900萬年前的石炭紀，地球上覆蓋著茂密的森林，不過不是我們今天說的那種森林，高聳的蕨類植物覆蓋大地，將淺根扎進沼澤和綿密的泥炭中。到了石炭紀結束時，茂密的森林中就出現了巨大的樹蕨。

這些巨型植物包括古蕨，這是世界上最初幾種真正的樹，也是所有種子植物的共同祖先之一。經過超過1億年的演化後，這個重要的物種擁有粗達1公尺的樹幹，還發展出深根以支撐不斷長高增重的樹冠，以及發育出維管束組織，而能夠把水分及養分從樹幹運送到樹葉和外部樹枝，古蕨因而成了優勢物種。時至2億9,000萬年前到2億4,800萬年前的二疊紀，樹木演化出種子以及樹枝分岔的樹冠，這時期的許多物種都留存到今日，包括蘇鐵、智利南洋杉和銀杏。雖然銀杏屬目前只剩下銀杏這個物種，但它跟祖先仍非常相似，扇形樹葉的大小及形狀，和2億5,000萬年前的化石紀錄吻合。

1億9,900萬年前到1億4,500萬年前進入侏儸紀，地球的氣候變得更溫暖潮溼，提供了完美的環境讓生命蓬勃發展，出現了許多新種恐龍，包括劍龍、腕龍、異特龍，在蒼翠的植被中潛行、踐踏、咬出一條路來。這個時期的優勢物種是瓦勒邁杉和水杉，這兩種植物現今在溫帶森林中都還可以看到。

被子植物是最晚演化出來的植物之一，包括各種闊葉開花植物，像是木蘭、榕樹，以及懸鈴木，懸鈴木在白堊紀出現，一直到大約6,600萬年前的第三紀都是優勢物種。即便至少曾在四次冰河時期中衰退，樹木仍維持住自身的生態區位[1]，並以五花八門的形狀和大小，適應了世界各地的棲地。

--- **圖 片 解 說** ---

1.樹蕨
學名：*Psaronius*
高度：10公尺
a) 樹木 b) 未展開的新生蕨葉
樹蕨並沒有真正的樹幹，只有稱為「根鞘」的構造，由數百根支根組成，直徑可達1公尺粗。

2.北美木蘭
學名：*Magnolia virginiana*
高度：30公尺
花朵
木蘭是最原始的被子植物之一，從化石紀錄可知，已存在超過9,500萬年。

3.法國梧桐
學名：*Platanus orientalis*
高度：30公尺
a) 葉片 b) 新芽
葉柄根部像手套一樣包住新芽，只有在秋天落葉時才會露出，使芽免受害蟲和菌類疾病的侵擾。

4.古蕨
學名：*Archaeopteris*
高度：30公尺
看起來像聖誕樹的古蕨，是世界上已知最古老的樹木，和現今的種子植物非常相像，現已絕種。

5.銀杏
學名：*Ginkgo biloba*
高度：40公尺
二分裂葉片
銀杏種子成熟飽滿的果實聞起來很像嘔吐物，能吸引現已絕種的食腐恐龍和大型哺乳類，動物大快朵頤後，就能幫助種子傳播。

6.智利南洋杉
學名：*Araucaria Araucana*
高度：50公尺
樹木
智利南洋杉又稱「猴謎樹」，因為非常茂密的樹枝和螺旋狀的多刺樹葉，會讓所有想嘗試攀爬的猴子都非常困惑！這些樹葉也能阻止2億年前的草食性恐龍前來飽餐一頓。

---

[1]生態區位：一個物種所身處的環境與其生活習性總合而成的特性，表示這個物種在生態系中扮演的角色及存活的方法。——編注

一號展示室

溫帶針葉林

環境：北方寒帶林

北方寒帶闊葉林

北方寒帶針葉林

溫帶針葉林

紅杉

柏樹

不常見的針葉樹

花旗松

環境：北方寒帶林

北方寒帶林又稱「雪林」，是世界上最艱困的樹木生長環境之一，雖然森林規模頗大，但是受到嚴苛的環境影響，只有幾種強悍的樹種可以在此存活，主要包括雲杉、松樹、冷杉。北方寒帶林的範圍僅限北半球，夾在北方嚴寒的極地苔原和南方的溫帶闊葉林之間，是世界上最北的森林，範圍涵蓋加拿大、阿拉斯加、斯堪地那維亞半島、俄羅斯，和西伯利亞的大片土地。這是地球上最大的陸地生物群落，約占地表總面積的17%，以及世界森林總面積約三分之一。

這片森林一年中有六個月籠罩在漫長的嚴冬之中，這段期間內氣溫平均都在0度以下，而且只有幾個小時的日照，所以夜晚比白天還漫長，森林在一年間最多有8個月都會覆蓋在皚皚白雪之下，因此森林的生長季（植物能夠成功生長的期間）非常短暫，只有50到100天。夏天時，森林一天最多可以擁有20個小時的日照及大量的降雨，林地上形成稱為「苔沼」的淺泥沼，相當潮溼貧瘠，又偏強酸性，所以在這個特殊的環境中，只有少數葉片小的針葉樹能夠存活。

即便環境天寒地凍，北方寒帶林仍是生機盎然。苔沼中住著麝田鼠和海狸等囓齒類動物，麋鹿、馴鹿、棕熊則是以嫩芽和漿果維生，還有狼和山貓在暗處潛伏，對在北方寒帶林狩獵和捕魚的原住民群體來說，此地也是他們賴以維生的重要生存資源。

北方寒帶林也是非常重要的碳匯，代表能吸收的碳量比排放的碳量還多。大部分的碳都儲存在結冰的地底永凍土中，但是隨著地球的氣溫逐漸升高，永凍土層面臨融解危機，會將二氧化碳排放至環境中，導致氣候變遷。此外，伐木也會排放大量的碳和破壞棲地，特別是一次砍光所有樹木的「皆伐」方式。世界上大約有三分之一的木材和25%的紙張，是來自北方寒帶林這個擁有豐富生態的珍貴森林地區。

圖 片 解 說

北美寒帶林

1. 馬列雲杉
學名：*Picea mariana*
高度：15公尺

2. 美國落葉松
學名：*Larix laricina*
高度：20公尺

3. 海岸松
學名：*Pinus contorta*
高度：20公尺

4. 北美白樺
學名：*Betula papyrifera*
高度：20公尺

5. 美國花楸
學名：*Sorbus americana*
高度：12公尺

6. 顫楊
學名：*Populus tremuloides*
高度：21公尺

北方寒帶闊葉林

北方寒帶林的英文別稱是taiga，雖然大部分由針葉樹組成，但仍存在少部分非常強韌的闊葉樹，包括楊樹、柳樹，和樺樹。

雖然這些樹的壽命都不長，很少超過百年，但仍擁有許多能在北方寒帶林中生存的特徵，包括能在短暫的夏季生長、開花、結果，並在正確的時機落葉以準備度過漫長的冬季。這些樹的樹葉相當小巧，可以快速生長，特別適合這種生長季短暫的森林，同時也能承受強風吹拂。生長位置也很重要，闊葉樹會長在水源附近，不僅盡可能利用水分，也能利用湖邊和河邊的日照條件，此地不會有樹葉茂密的針葉樹和其競爭。在北方寒帶林中，因外在條件受限，這類樹木通常較為矮小，但越往南朝溫帶闊葉林走，樹幹就會越筆直，高度也會越高。

北方寒帶林的闊葉樹屬於所謂的先驅種，代表它們是最早出現在艱困環境的物種，像是剛受祝融肆虐的森林，森林大火可能會摧毀針葉林，但闊葉樹可以從樹幹重新發芽，或是從地底沒有遭到燒毀的根部，重新長出新的樹木。闊葉樹的種子重量較輕，非常容易傳播，無論是靠微風、鳥類，還是其他動物都可以，這表示闊葉樹很快就能站穩腳步，而針葉樹甚至還沒重整旗鼓呢。

圖 片 解 說

1.灰榿木
學名：*Alnus incana subsp. rugosa*
高度：22公尺
a) 樹枝 b) 花朵
雄花和雌花雖然都是葇荑花，外觀卻大相逕庭，皆在樹葉生長前的早春開花。

2.歐洲大葉楊
學名：*Populus grandidentata*
高度：25公尺
葉片
楊樹的葉柄整根都是平的，風吹過時會隨風擺動，因此楊樹俗稱「顫抖的楊樹」。顫楊（參見第12頁）的葉片也有同樣的顫動效果，學名也是來自此現象。

3.美國花楸
學名：*Sorbus americana*

高度：12公尺
葉片
這種樹是許多林間動物的食物，麋鹿和白尾鹿皆以樹葉、細枝，和樹枝為食。

4.香楊
學名：*Populus balsamifera*
高度：30公尺
花朵
這種楊樹的尖芽被黏稠的樹脂包覆，會散發濃烈的松節油香氣，是基列乳香的原料，傳統上用來治療胸部感染。

5.北美白樺
學名：*Betula papyrifera*
高度：20公尺
a) 樹幹、樹皮 b) 雄花 c) 葉片
北美白樺的樹皮像紙一樣薄，富

含油脂，極度防水。北美原住民和早期的毛皮商真的會拿北美白樺樹皮當作紙張，在上頭撰寫訊息，或是用來製作極輕的獨木舟。

6.條紋槭
學名：*Acer pensylvanicum*
高度：10公尺
a) 葉片 b) 細枝和嫩芽 c) 樹幹和樹皮
麋鹿冬天會吃這種樹的樹皮，因此又稱麋鹿木。同時因為葉片形似鵝掌，也稱「鵝掌楓」，「條紋槭」的俗名則來自樹皮上獨特的條紋。

1a *1b* *3* *2* *4* *5a* *5c* *6b* *6c* *6a* *5b*

北方寒帶針葉林

針葉樹是最古老的樹種之一，也是北方寒帶林的代名詞，茂密蓊鬱的冷杉、雲杉和松樹都從潮濕的黑色土壤中拔地而起，秋天時，則是由落葉松以一抹溫暖的金色，為這片風景增色。

　　針葉樹的英文conifer基本上意思代表「擁有毬果（cone）」，這些樹並不會開花，而是會以毬果的方式產生種子。針葉樹之所以能在北方寒帶林占據優勢地位，其中一個原因便是它們屬於常綠植物，意思是針葉樹一結束冬季休眠，就會開始製造養分，不需要等到新的針葉長成。

　　針葉樹生長相當緩慢，不過已經演化成能夠應付嚴酷的天氣。它們最顯眼好認的狹長錐狀樹冠，是由充滿彈性的樹枝向外延伸形成，這個特質有助於抖落厚重的積雪，並降低積雪和強風可能會為樹枝帶來的損害。

　　深綠色的針葉是大部分針葉樹的招牌特色，這類樹葉的樹液含量很低，不易結

冰，並擁有厚重的蠟質外層（角質層）及深深的氣孔，因此不易脫水，避免在嚴冬的寒風中失去珍貴的水分。針葉通常呈三角形，增加表面積，盡可能吸收陽光，這個構造在春天給了針葉樹捷足先登的機會，因為很快就能開始製造養分，不用像闊葉樹一樣等到新的樹葉長成。落葉松則是針葉樹中的異類，是會落葉的針葉樹，每年都會落下松針，不過和常綠針葉樹相比，落葉松的針葉較為嬌嫩，所以更容易生長，也長得更快。

圖 片 解 說

1.膠冷杉
學名：*Abies balsamea*
高度：20公尺
雌毬果和葉片
這種常綠植物喜愛嚴寒的冬天和潮濕的森林，也相當適應其原生地北美東北方的低地沼澤和苔沼。

2.馬列雲杉
學名：*Picea mariana*
高度：15公尺
a) 種子 b) 雌毬果和葉片

沼澤精靈蝶是維持當地生物多樣性的重要物種，幼蟲在成為蛹之前，便是以馬列雲杉的針葉為食。

3.美國落葉松
學名：*Larix laricina*
高度：20公尺
樹枝上的雌毬果
美國落葉松還有一個英文俗名tamarack，來自北美原住民阿岡昆人的語言，意為「製作雪鞋的木頭」。

4.海岸松
學名：*Pinus contorta*
高度：20公尺
a) 雌毬果橫切面 b) 雄毬果 c) 成熟的雌毬果
海岸松是賴火樹種，要靠森林火災才能延續族群。樹皮雖然非常薄，幾乎無法防火，但雌毬果成熟後不會馬上打開，可以保護內部的種子不受火勢影響，之後遇熱才會打開，將種子釋放到林地上，進而發芽，使族群能夠延續。

溫帶針葉林

世界上總共有超過600種不同的針葉樹，共分為7個科，除了是北方寒帶林的優勢物種外，也生長在世界各地其他溫帶森林。

松樹、雲杉，和銀冷杉都屬於針葉樹中最大的一科——松科，這些樹的棲地十分廣大，遍布北方寒帶林及北半球的其他地區，屬於常綠植物，擁有針葉及毬果，毬果中的種子則為有翅裸子。此外，這三種針葉樹的木材稱為軟木，常用於建築，商業價值極高。

溫帶地區總共有176種松樹，包括從生長在高海拔山區的低矮灌木，到位在加州針葉林中，高達80公尺的冷杉。松屬的樹木壽命通常相當長，世界上最古老的松樹是一棵叫作「瑪土撒拉」的刺果松，年齡約為4,800歲。某些松樹會產生可以食用的大型果實，稱為松子，是製作義大利青醬的重要材料。

雲杉屬總共有54種樹木，樹枝呈同心圓狀由樹幹往外輻射狀長出，相當易於裝飾，因而是聖誕樹的熱門樹種。

冷杉的拉丁文名字Abies意為「升起」，這些令人讚嘆的樹可以長到80公尺高。冷杉總共有將近90種，非常強韌，可以生長在高山上，年輕的雌毬果也非常好認，通常是鮮豔的藍色或紫色，就像蠟燭一樣直挺挺長在樹枝上。

圖 片 解 說

1.海松
學名：*Pinus koraiensis*
高度：30公尺
葉片
海松的針葉一束有五根。

2.北美雲杉
學名：*Picea sitchensis*
高度：100公尺
成熟的雌毬果
雲杉和紅雪松等「樂器木材」，在原聲樂器的品質上扮演重要角色。

3.歐洲松
學名：*Pinus sylvestris*
高度：35公尺
a) 葉片和雄毬果 b) 成熟的雌毬果 c) 發芽階段

蘇格蘭古早以前的喀利多尼亞森林大半由歐洲松組成。

4.長葉雲杉
學名：*Picea smithiana*
高度：50公尺
葉片
原生於喜馬拉雅山脈西部，英文俗名中的morinda是尼泊爾文的「花蜜」之意，大型的毬果覆蓋著珍珠狀的樹脂和樹液。

5.單葉松
學名：*Pinus monophylla*
高度：10公尺
葉片和雄毬果
松樹的針葉通常一束都是二、三或五根，單葉松獨特之處便在於針葉為單片。

6.苞片冷杉
學名：*Abies bracteata*
高度：35公尺
成熟的雌毬果
苞片冷杉是加州聖塔露西亞山脈的特有種，由於含有樹脂的薄樹皮和毬果相當怕火，因而生長在陡峭崎嶇、植被稀疏的地帶，以躲避森林大火。

7.沙濱松
學名：*Pinus sabiniana*
高度：15公尺
葉片
沙濱松的針葉是一束三根，而且是獨特的灰綠色。

紅杉

紅杉既雄偉也打破紀錄，這類針葉樹包含地球上最大最高的樹木。有一棵名叫「海柏利昂」的長葉世界爺，已經長到了超過115公尺高，令人印象深刻。世界爺「薛曼將軍樹」則是擁有體積最大的樹幹，周長達31公尺，高度則是84公尺。根據記載，目前最古老的紅杉年齡約為3,500歲。

學名中有「sequoia」的樹木共有三種：世界爺（Sequoiadendron giganteum）、長葉世界爺（Sequoia sempervirens）和水杉（Metasequoia glyptostroboides）。這個詞據說是為了紀念北美原住民塞闊雅（Sequoyah），他在1810年至1820年間，發明了契羅基語的音節文字。

雲杉的棲地位於中國，世界爺及長葉世界爺則在北美洲，不過這兩種長在北美的物種生長環境相當不同，長葉世界爺成群生長在太平洋沿岸的雲霧帶，世界爺則是生長在更為內陸的森林中，位於內華達山脈西側。這兩種樹的樹幹都非常粗，肉桂紅色的樹皮充滿孔洞，能夠長到60公分厚，常綠的樹枝則高高位於樹幹之上，能夠躲避森林大火。不過其實對於為世界爺創造發芽環境這方面，大火扮演了重要角色，大火會燒掉林地上的枯枝敗葉，讓富含重要礦物質的土壤裸露，便於種子生長。

和兩名北美洲的近親不同，中國的雲杉屬於落葉針葉樹，擁有柔軟扁平的針葉，富含纖維的紅棕色樹皮和紅杉很像，這便是屬名Metasequoia的由來，意為「類似紅杉」。水杉是在1941年以化石的形式初次發現，可以追溯到1億5,000萬年前的中生代。幾年後，中國中部便找到了活體植物，種子經過蒐集，分送到世界各地的植物園，因而我們現今在植物園便能發現其蹤跡。

圖 片 解 說
---

1. 長葉世界爺
學名：*Sequoia sempervirens*
高度：115公尺
a) 樹木 b) 葉片 c) 成熟的雌毬果
因為重力，這些巨樹無法將水分從根部傳輸到最頂部，因此需依靠夏季的霧氣補充水分，葉片和樹皮演化成可以吸收霧氣中的溼氣，使這種樹得以長到驚人的高度。

2. 水杉
學名：*Metasequoia glyptostroboides*
高度：50公尺
a) 葉片 b) 成熟的雌毬果
中國江蘇邳州的水杉大道是世界最長的林蔭大道，長達47公里，樹木數量也打破世界紀錄，共有超過100萬棵樹。

3. 世界爺
學名：*Sequoiadendron giganteum*
高度：115公尺
a) 樹木 b) 葉片和雌毬果 c) 種子
d) 樹幹橫切面
即便紅杉大小相當驚人，可說是珍貴的生物遺產，其生存卻飽受威脅，氣溫升高代表旱災來臨和樹木可用的水分變少，乾燥的環境也會引發嚴重的野火。光是一棵紅杉吸收的碳，就能抵過250棵一般的樹木，因而在對抗氣候變遷上，紅杉可說相當重要，必須努力保育。

1a

1b

2a

2b

1c

3b

3c

3a

3d

柏樹

柏科的樹木非常好辨認，擁有鱗片般的樹葉，宛如攤平般開展在主幹之外的枝幹上。這類常綠植物包括柏樹、刺柏、落羽松、肖楠和側柏，遍布北半球所有溫帶地區。

柏科樹木型態各異，有緊挨山坡的矮小刺柏，也有生長在北美洲西部海岸、如同大教堂般雄偉的美國側柏。亞洲的側柏和刺柏樹種擁有吉祥福氣的意涵，樹枝和葉片因而成為幸運符，此外，因為葉片磨碎後會產生香氣，在中國的佛寺中也會當成香使用。

常綠樹木有很多品種是為了觀賞用途而栽種，包括非常受歡迎的利蘭柏樹，在小型庭園中常拿來當成樹籬。然而，真正能夠代表柏樹的非西洋柏木莫屬，這是一種鮮綠色的樹木，特徵為如火焰般筆直的錐狀，在地中海地區相當常見，苗條、優雅、易於種植，時常用來妝點庭園，幾乎就等於雄偉文藝復興式庭園的代名詞。據說諾亞打造方舟使用的「歌斐木」便是西洋柏木，因其不易腐朽，並含有精油。

圖 片 解 說

1.西洋柏木
學名：*Cupressus sempervirens*
高度：35公尺
a) 枝狀葉片和雌毬果 b) 成熟的雌毬果
達文西和梵谷等大師都曾描繪這種植物，學名意為「不朽之柏」，從古代開始便是永生的象徵，因此也常種植在墓地。

2.美國側柏
學名：*Thuja plicata*
高度：70公尺
a) 成熟的雌毬果 b) 雄毬果 c) 枝狀葉片

原生於北美洲的太平洋西北地區，巨大的樹幹抗腐蝕性極佳，當地的原住民因而用來雕刻紀念用的圖騰柱。

3.羅漢柏
學名：*Thujopsis dolabrata*
高度：40公尺
枝狀葉片
羅漢柏是日本中部和南部的特有種，為「木曾五木」之一。樹木生長緩慢、充滿芳香、相當耐用，傳統上日本各地都會用來建造寺廟和著名建築。封建時代時，一般人不准砍伐，否則會被判死刑！

4.美洲肖楠
學名：*Calocedrus decurrens*
高度：60公尺
a) 枝狀葉片 b) 鱗片般的樹葉特寫 c) 雄毬果 d) 成熟的雌毬果
又稱香肖楠，因為香氣甜而辛辣而得名。可以做出品質最好的鉛筆，聞聞削完鉛筆的碎屑就知道了。一棵巨大的美洲肖楠可以做出30萬支鉛筆，每年共有140億支鉛筆以它製成，可以繞地球整整62圈！

不常見的針葉樹

針葉樹屬於裸子植物，英文名稱gymnosperms源自希臘文中「裸露的種子」。針葉樹的蹤跡遍布南極洲以外的所有大陸，占世界森林組成大約30%，共有7個科約615種物種。即便針葉樹已在地球上存活數千萬年，化石紀錄相當豐富，但現今卻已不如過往強勢，反倒適應了特殊環境，有辦法在各式各樣的嚴苛條件中生存，從潮濕的沼澤到特定地區的冰冷北方寒帶林都能見到蹤跡。

有些針葉樹一直藏身在森林之中，直到最近才為人所知。例如水杉便是在二十世紀中葉由一名中國林務人員發現。那麼野外是否還有全新的針葉樹種等待我們發掘呢？證據顯示極有可能。1950年代時，科學家便在中國西部的山區，發現了松科的新成員銀杉，並加以描述。最令人驚訝的，則是一種人們以為200萬年前就已絕種的樹種，於1994年重新被人發現，就位在雪梨西北方150公里的藍山峽谷中，這個新發現的現存樹種名為「瓦勒邁杉」，和智利南洋杉親緣相當接近。巧合的是，wollemi（瓦勒邁）這個字在當地的原住民語言中，正是「看看你周遭」之意，代表我們永遠都應該繼續觀察。

大部分針葉樹都擁有木質毬果，依靠風力來傳播種子。但有些針葉樹演化出類似被子植物的機制，例如柳狀羅漢松就沒有毬果，而是以顏色鮮豔、類似果實的構造來吸引鳥類，鳥類吃下這些果實飛離，消化之後便會傳播種子，進而達成繁殖目的。

圖 片 解 說

1. 加州肉豆蔻
學名：*Torreya californica*
高度：25公尺
a) 果實橫切面，可以看到種子 b) 葉片和果實
雖然加州肉豆蔻和真正的肉豆蔻沒有任何關係，但果實也可以食用，原住民會拿來當作食物。因樹葉、樹枝和木材散發的強烈氣味，這種樹又稱「臭肉豆蔻」。

2. 金松
學名：*Sciadopitys verticillata*
高度：25公尺
a) 生長中的葉片 b) 成熟的葉片
這種樹並不是真正的松樹，屬於日本特有種，而且在野外相當少見。看起來像針葉的葉片，其實是葉狀枝，即螺旋狀密集往上生長的傘狀矮小細枝，功能和葉片類似。

3. 金錢松
學名：*Pseudolarix amabilis*
高度：40公尺
a) 雄毬果 b) 細枝和葉片
金錢松於1853年由植物獵人羅伯‧福鈞從中國引進西方，和落葉松一樣屬於落葉針葉樹，秋天時針葉會轉為耀眼的金黃色。

4. 瓦勒邁杉
學名：*Wollemia nobilis*
高度：40公尺
a) 樹木 b) 雌毬果 c) 雄毬果
瓦勒邁杉的雌毬果永遠位於雄毬果上方，以避免自花授粉。

5. 巒大杉
學名：*Cunninghamia konishii*
高度：50公尺
葉片和雌毬果
這棵「碧綠神木」樹齡將近3,000歲，高50公尺，樹幹周長3.5公尺。

6. 銀杉
學名：*Cathaya argyrophylla*
高度：20公尺
細枝和未成熟的雌毬果
銀杉的種小名argyrophylla意思是銀葉，5公分長的葉片反面即為銀白色。

7. 柳狀羅漢松
學名：*Podocarpus salignus*
高度：20公尺
a) 葉片 b) 果實
柳狀羅漢松的果實擁有兩顆種子，受精後便會在色彩鮮豔的花托底部生長，受花托吸引的鳥類吃下整顆果實之後飛離，消化後便能傳播準備好發芽的種子。

花旗松

花旗松是一種非常好認的針葉樹，樹幹雄偉筆直，堅實而充滿皺褶的深棕色樹皮可以厚達36公分，垂掛樹枝上的精巧針葉是亮綠色，毬果則擁有形狀呈三個尖角的構造，稱為「苞鱗」，從鱗片的空隙中凸出。傳說這個三尖錐構造，代表某隻老鼠的後腿和尾巴，牠為了從森林大火中逃生而躲進毬果中。

花旗松的名稱，源自18及19世紀兩位英勇無懼的探險家暨植物獵人，學名紀念的是醫生暨博物學家艾奇伯德‧門席斯，他參與了1791年喬治‧溫哥華船長航向西北太平洋的旅程。英文俗名Douglas fir則是紀念蘇格蘭植物學家暨植物獵人大衛‧道格拉斯，他在36年後的1827年，將花旗松引進不列顛群島種植，從此成為大型庭園、公園、植物園的觀賞型植物。此外，花旗松也是非常重要的林業植物，木材銷往世界各地作建築用途。

花旗松在數千年間造就的古老原始林，是非常重要的棲地，生物多樣性相當多元，包括紅樹田鼠和極為罕見的斑點鴞，另外還有道格拉斯槲寄生，這是一種矮小的寄生灌木，將花旗松當成宿主，從樹上取得水分和養分，不過不會帶來任何傷害。

圖 片 解 說

花旗松
學名：*Pseudotsuga menziesii*
高度：100公尺

1. 成熟的雌毬果
授粉後，雌毬果需要一年才會成熟，並變為木質，從鱗片中長出擁有三個尖角的苞鱗構造，接著便會釋放隨風傳播的種子。

2. 葉片
圖為尖端柔軟的短小針葉，只有30公釐（mm）大，和冷杉的葉片很像，磨碎後會產生好聞的香氣，類似柑橘和鳳梨。

3. 樹木
圖中描繪的是70公尺高，超過1,000歲的花旗松「寂寞大道格」。2011年，這棵樹在加拿大英屬哥倫比亞溫哥華島的大規模古老原始林砍伐中倖存，現在已成為樹木世界的名人。它的樹幹直徑超過4公尺，需要12名成人才能環抱。

4. 樹幹橫切面
沒有木節的木材呈淡棕色，紋路夾雜少許紅色和黃色，不易腐蝕，常用來當作建材。

5a. 未成熟的雌毬果
尚未成熟的雌毬果為粉紅色，生長期間會變成淡綠色，成熟後則是淡棕色。

5b. 生長中的雌毬果
春末夏初受精後，未成熟的飽滿雌毬果將開始生長，逐漸長成6到10公分大的成熟模樣。

二號展示室

溫帶闊葉林

環境：溫帶闊葉林
北美洲
亞洲
歐洲
秋日色澤
常綠闊葉林
鱗皮山核桃

環境：溫帶闊葉林

溫帶落葉林構成了世界上最壯觀的生物群落，以季節交替時的生長和絕美顏色令人驚豔，這類森林會在生長季之初長出精緻的幼苗，之後變成蒼翠的綠色，接著綻放出燦爛的紅色、橘色、黃色、棕色，最後葉片凋謝，留下光裸的細枝，面對即將來臨的冬天。

這類壯觀的森林主要生長在北半球的中緯度地區，位於熱帶和極區之間，範圍包括美國、加拿大、歐洲、中國、韓國、日本、俄羅斯，南美洲也有一些較小的棲地，這些地區都會受暖氣團和冷氣團影響，使得四季相當分明，不會太熱，也不會太冷。

落葉林的英文deciduous來自拉丁文的decidere，意為凋謝後死去。闊葉樹是被子植物，和常綠的針葉樹種不同，隨著日照時數在秋季減少，闊葉樹的大型葉片將不再生產葉綠素，逐漸停止運作，樹葉也會開始凋謝，以準備盼望許久的冬季休眠。

值得注意的是，溫帶闊葉林的樹種都相當類似，包括櫟樹、槭樹、山毛櫸，和梣樹，不過每個地區也都有自己的原生種。在這些森林巨人腳下，則是能夠在樹蔭中存活的矮小樹種，森林的下層和灌木層，就充滿了山茱萸（包括大花四照花及太平洋四照花等）和酸模樹，與蕨類及苔蘚交雜，對於鳥類和哺乳類（像是老鼠、兔子，和狐狸），形成了完美的隱藏棲地。林地本身也充滿昆蟲和真菌，它們非常享受落葉和枯木帶來的肥沃土壤，這些養分撐起了整座森林多元的食物網。

圖 片 解 說

北美闊葉林

1.紅櫟
學名：*Quercus rubra*
高度：40公尺

2.北美水青岡
學名：*Fagus grandiflora*
高度：35公尺

3.長山核桃
學名：*Carya illinoinensis*
高度：40公尺

4.大花四照花
學名：*Cornus florida*
高度：9公尺

5.桑橙
學名：*Maclura pomifera*
高度：15公尺

6.北美檫樹
學名：*Sassafras albidum*
高度：20公尺

北美洲

北美洲的溫帶生態系統又稱「北美中部硬木林」，範圍囊括超過26個州，南起佛羅里達州，北至新英格蘭及加拿大東南部，東起大西洋海岸，西至德州和明尼蘇達州。

即便在19世紀中因為改作農地而遭大量砍伐，這片森林仍是全球最大的溫帶闊葉林，涵蓋世界上最如詩如畫的地區，像是阿帕拉契和奧札克高原，以及大煙山和藍嶺山，藍嶺山之名便是來自從遠處觀看林線時，氣流產生的獨特藍霧。

這片北美洲東部的森林擁有許多巨樹，包括沼生櫟等櫟樹、美國榆、美國梧桐、山核桃、椴樹。其中最有名的兩種則是黑紫樹和甜楓，以秋季準備過冬時撩人的黃色、橘色和緋紅色彩聞名，可說是這個特別生態系統在此季節的獻禮。次冠層的常見樹種則包括北美檫樹、桑橙，以及花朵非常漂亮的大花四照花，春天時這種樹木的花朵會讓整座森林看來光彩奪目。

然而，森林的樣貌在20世紀初期經歷劇烈改變，美國栗樹原先是優勢物種，也是最大的族群，卻受栗枝枯病菌侵襲，這種真菌是在1906年時從亞洲傳入北美洲，使得美國栗樹幾乎絕種。

圖片解說

1.沼生櫟
學名：*Quercus palustris*
高度：25公尺
葉片和種子（橡實）

2.大花四照花
學名：*Cornus florida*
高度：9公尺
花朵

3.桑橙
學名：*Maclura pomifera*
高度：15公尺
果實剖面
長相怪異的桑橙果實看起來很像黃綠色的大腦，受損時會流出乳白色的汁液，動物無法食用。它們依靠河流和潮汐傳播種子。

4.肯塔基州咖啡樹
學名：*Gymnocladus dioicus*
高度：30公尺
25公分長的果實

5.美國栗樹
學名：*Castanea dentata*
高度：30公尺
果實

6.美國榆
學名：*Ulmus americana*
高度：30公尺
葉片和果實

7.美國梧桐
學名：*Platanus occidentalis*
高度：50公尺
果實

雌花會長成毛茸茸的長柄綠色球體，秋天成熟時則變為棕色，到入冬都會掛在樹上。

8.北美檫樹
學名：*Sassafras albidum*
高度：20公尺
葉片
北美檫樹的葉片磨碎後會散發辛辣的香氣，共有三種形狀：a) 一般型 b) 手套型 c) 三叉型。

9.美國柿
學名：*Diospyros virginiana*
高度：20公尺
果實
果實未成熟時含有單寧酸，非常澀，但成熟後就相當香甜，吃起來很像椰棗。

亞洲

東亞的溫帶落葉林生物多樣性最為豐富，擁有的樹種數量超過世界上大部分溫帶森林，這個生物群落從北方寒帶林延伸至南方位於北回歸線北端的熱帶雨林，東部則遠至日本的太平洋海岸，還包括朝鮮半島及俄羅斯遠東地區的森林。

本區和其他溫帶地區不同，在160萬年前到1萬年前的更新世，大部分地區都沒有受到冰河侵襲，因而擁有許多非常古老的樹種，例如銀杏和可以追溯到恐龍年代的水杉。到了現代，即便本區已經歷至少4,000年的人類活動，包括為了集約農業而大規模清除天然植被，以及為了木材及燃料用途的伐木，在偏遠的山區中，仍有許多原始林未受影響。

有一些古老樹種的野生種，只會生長在這些原始林中，包括世上僅存兩種的鵝掌楸：北美東部的高聳硬木美國鵝掌楸，以及中國和越南的鵝掌楸。北美檫樹生長在北美東部的森林中，檫樹和臺灣檫樹則能在亞洲找到。

圖 片 解 說

1.滇藏玉蘭
學名：*Magnolia campbellii*
高度：30公尺
花朵
滇藏玉蘭分布於喜馬拉雅山區、中國西南部、印度北部等地與世隔絕的山谷中，美麗的粉紅色花朵會在冬末至早春綻放。

2.化香樹
學名：*Platycarya strobilacea*
高度：10公尺
果實
化香樹的果實長得很像針葉樹的毬果，會釋放依靠風力傳播的黑色有翅種子，和依靠動物傳播的胡桃科其他成員相當不同。

3.合歡
學名：*Albizia julibrissin*
高度：15公尺
花朵

合歡在夜幕降臨時會闔起葉片，進入睡眠狀態，以減少水分散失、躲避夜行性草食動物，和保護蓬鬆的花朵免受降雨侵擾，這個機制稱為感夜性運動。

4.川黔千金榆
學名：*Carpinus fangiana*
高度：20公尺
a) 果實 b) 葉片
來自中國西部的稀有千金榆，雌葇荑花非常長，長達30公分，因而也有「猴尾千金榆」的別稱。

5.嘉利樹
學名：*Carrierea calycina*
高度：10公尺
果實
木質的莢在尖端蜷曲分裂，如同山羊角。

6.鵝掌楸
學名：*Liriodendron chinense*
高度：40公尺
a) 葉片 b) 果實 c) 花朵
又稱「中國鬱金香」，黃綠色的花朵形似鬱金香而得名。

7.杜仲
學名：*Eucommia ulmoides*
高度：15公尺
裂開的葉片
學名中的Eucommia意為「良好的膠質」，樹如其名，只要輕輕把葉片折成兩半，中間就會流出橡膠汁液，葉片正是因橡膠絲才能成形。杜仲原生於中國，一般認為在野外已經絕跡，但因樹皮能做成中藥材，目前仍有人工種植。

歐洲

歐洲溫帶闊葉落葉林的闊葉樹多樣性，是世界上的溫帶生物群落中最低的，這是因為更新世冰河期的植物大滅絕導致，當時大陸冰原帶來的大量冰層和冷空氣毀滅了許多森林，植物被迫往南拓展疆域，卻遇上了巨大的阻礙——東西向的阿爾卑斯山脈，最終造成許多植物滅絕。

在距今大約1萬年前的最後一次冰河期末期，各地冰層開始融化，往北方後退，使得在冰面下天然種子庫休眠的樹木種子重見天日，這些種子迅速發芽，並在風勢及鳥類與小型哺乳類等動物的幫助下，讓歐洲大陸再度恢復蒼翠。現今西歐的優勢樹種包括歐洲山毛櫸、英國櫟、無梗花櫟、榆樹、椴樹、歐洲梣樹，和岩槭。

20世紀初期，這片森林又經歷多舛的命運。已肆虐數世紀的荷蘭榆樹病從亞洲傳入歐洲，不僅改變了森林的樹種組成，也影響了歐洲大陸原生的榆樹族群。1960年代時，這個傳染病威力更強大的變種「新榆枯萎病菌」襲捲歐陸，變種是由榆樹皮甲蟲傳播，特別是大型榆樹皮甲蟲，對歐洲的榆樹族群帶來致命影響，使其瀕臨絕種。

位於波蘭和白俄羅斯邊界，占地1,419平方公里的比亞沃韋扎原始林是現今中歐僅存的少數大型森林之一，此地生物多樣性相當豐富，擁有世界上最大的歐洲野牛族群和許多保育物種，包括59種哺乳類、250種鳥類，以及超過1萬2千種無脊椎動物。

圖片解說

1. 小葉椴
學名：*Tilia cordata*
高度：40公尺
a) 葉片和未成熟的花朵　b) 花朵特寫
古老的森林中可以找到這種擁有心形葉片的巨樹。小巧的花朵是蜜蜂非常重要的食物來源，也能用來泡茶（林登草本茶），據說有促進消化和安神的功效。

2. 歐洲七葉樹
學名：*Aesculus hippocastanum*
高度：35公尺
a) 種子（馬栗）b) 果實 c) 葉片
d) 細枝和頂芽
這種又高又樹型寬闊的樹常見於林地和公園，以其栗子聞名，也就是藏在硬殼內，閃閃發亮的棕色種子。過去人們常用馬栗當作藥材，治療馬和人類，但攝取過量會產生些微毒性。

3. 高加索楓楊
學名：*Pterocarya fraxinifolia*
高度：30公尺
a) 種子 b) 果實
這種大樹夏天時會開出項鍊般的美麗菜黃花，花長達40公分。種子則是依靠風力傳播的有翅小堅果。

4. 土耳其榛樹
學名：*Corylus colurna*
高度：25公尺
果實
土耳其榛樹是常見的行道樹，不會受空汙影響而能成長茁壯。雖然其種子和菜黃花與一般榛樹類似，果實卻非常不一樣，因為種子長在多刺的苞片內。

1a

1b

4

2c

3b

2a

3a

2b

2d

2c

秋日色澤

秋日色澤是北半球溫帶森林因季節變化而出現的奇觀。隨著白晝時間減少、氣溫開始下降，落葉樹會停止光合作用，準備落葉以迎接冬季的休眠。於是好戲上場，森林的色彩開始迸發，樹葉變成深深淺淺的黃色、橘色、紅色，甚至紫色。

樹葉中的綠色素稱為葉綠素，是光合作用的重要要素，這個化學過程可以製造能量。隨著樹木為了迎接隔年而暫停製造葉綠素，所有有用的化學物質都會重新回到樹木本身，綠色也會逐漸變淡，使得一整年來隱藏在葉片中那些顏色較淡的色素能夠大顯身手，為我們帶來一場秋日視覺饗宴，類胡蘿蔔素負責製造黃色和橘色，花青素則製造紅色和紫色。在某些樹種的葉子之中，類胡蘿蔔素和花青素含量較高，像是槭樹、櫟樹、藍果樹，因此這些樹在秋季時顏色也更為鮮豔。

依照不同的氣候條件，每年的秋日色澤都不一樣。色彩要鮮豔明亮，條件包括夏末降雨使土壤水分充足、夜晚涼爽無霜、日間溫度溫暖且日照明亮，這幾乎就是北美洲東部和日本的氣候，所以這兩地的樹木通常秋日色澤最豔美。

隨著冬季接近，大多數落葉樹的葉片都會因不再有用而全數落下。葉片和樹木連結的葉柄末端，會形成一層木栓，使葉子能夠脫落。一層層樹葉凋謝分解後，最終將成為土壤的表層，不僅讓土地更肥沃，也為蟲子和土中的其他無脊椎動物提供豐富的食物來源。

圖 片 解 說

1. 美國鵝掌楸
學名：*Liriodendron tulipifera*
高度：50公尺
原生於北美東部，綠葉呈獨特的四裂狀，秋天會轉為黃色。

2. 紅櫟
學名：*Quercus rubra*
高度：30公尺
原生於北美東部，生長快速，壽命相當長。這種樹不僅以秋日美麗的緋紅色澤聞名，對野生生態來說也非常重要，橡實和細枝是浣熊和鹿的食物。

3. 紅糖楓
學名：*Acer rubrum*
高度：30公尺
原生於北美東部。

4. 黑紫樹
學名：*Nyssa sylvatica*
高度：25公尺
原生於北美東部。

5. 連香樹
學名：*Cercidiphyllum japonicum*
高度：45公尺
原生於中國和日本，落葉會散發焦糖香氣。

6. 顫楊
學名：*Populus tremuloides*
高度：25公尺
原生於北美洲，會產生大型的無性生殖族群，所有樹木都會同時變色。

7. 美國白蠟
學名：*Fraxinus americana*
高度：30公尺
原生於北美東部和中部，生存受來自亞洲的甲蟲「光蠟瘦吉丁蟲」嚴重威脅，根據估計，自2002年起已經有3千萬棵樹木死去。

8. 甜楓
學名：*Liquidambar styraciflua*
高度：45公尺
原生於北美東部。

9. 波斯鐵木
學名：*Parrotia persica*
高度：20公尺
原生於伊朗北部和高加索地區。

10. 羽扇槭
學名：*Acer japonicum*
高度：10公尺
原生於日本，許多變種為庭園中的觀賞型植物。

常綠闊葉林

並非所有常綠樹都屬於針葉樹，事實上，也有許多常綠樹是闊葉樹，包括石楠和聖誕節用來裝飾的冬青。雖然屬於常綠樹，但很少常綠闊葉樹能夠承受嚴冬，在溫度降至零下時仍然會落葉，這個過程相當緩慢，而且舊葉落下後便會長出新葉，所以常綠闊葉樹永遠不會和落葉樹一樣，在冬天時「光禿禿」的。

常綠闊葉樹的葉片也比落葉樹更厚重、強韌、光滑，葉背毛茸茸的，呈深綠色，特別能夠適應冬季水分少、溫度低、日照時數少的嚴苛環境，所以在落葉樹的樹葉失去作用時，常綠闊葉樹的葉片仍能持續發揮功能。常綠闊葉樹同時也能在初春就開始行光合作用，這時其他樹都還沒開始長葉子，所以在生長季到來、林冠聚攏遮蔽之前，常綠闊葉樹就能搶占先機。厚重的樹葉還有另一個優點，那就是對草食動物和昆蟲來說，常綠闊葉樹比落葉樹還不好吃，有些樹種甚至還演化出葉緣有刺的樹葉，像是冬青，或是單寧酸含量較高，所以吃起來比較苦，例如加州月桂。

和落葉樹不同，常綠闊葉樹的樹葉即便凋謝也很難分解，營養價值也較低，所以大部分的常綠樹種都能夠在貧瘠的土壤中生長。

―――――――――――――――――――――― **圖 片 解 說** ――――――――――――――――――――――

1. 長尾尖葉櫧
學名：*Castanopsis cuspicata*
高度：30公尺
a) 葉片 b) 果實
在日本，這種樹木的枯木材會用來培育可以食用的香菇。

2. 洋玉蘭
學名：*Magnolia grandiflora*
高度：25公尺
a) 果實 b) 花朵
黑色的種子包裹在飽滿的橘色果肉中，並以非常細的莖和果實連結，稱為「胚珠柄」。

3. 冬青
學名：*Ilex aquifolium*
高度：10公尺
a) 葉片 b) 果實
低處樹枝的樹葉富有光澤，兩側各有3到5個尖刺。高處樹枝的樹葉由於不會遭草食性動物採食，所以並不需要同樣的尖刺保護。

4. 加州月桂
學名：*Umbellularia californica*
高度：30公尺
a) 葉片 b) 果實
這種高大硬木的樹葉含有酮類化學物質，磨碎葉子後吸入氣味會引發頭痛。

5. 枇杷
學名：*Eriobotrya japonica*
高度：最高10公尺
a) 葉片 b) 果實
枇杷是在唐朝時由中國引進日本，當時在中國已種植了超過千年。

6. 洋楊梅
學名：*Arbutus unedo*
高度：10公尺
果實
洋楊梅的英文俗名是「草莓樹」，因為果實和草莓非常像。種小名unedo則是來自古羅馬作家老普林尼，詞義是「我只吃了一個」，表示其實不怎麼好吃。

7. 冬木
學名：*Drimys winteri*
高度：20公尺
花朵
冬木因為樹皮富含維他命C而聞名，探險家法蘭西斯‧德瑞克爵士的指揮官海軍中將約翰‧溫特爵士發現巴塔哥尼亞高原的原住民會食用冬木樹皮，此後數百年皆用它來治療水手的壞血病。

8. 心葉香花木
學名：*Eucryphia cordifolia*
高度：12公尺
花朵
原生於智利的森林。

鱗皮山核桃

圖中挺拔的溫帶落葉樹是鱗皮山核桃，名稱的由來很顯而易見，成樹會有蜷曲的長長樹皮從樹幹剝離，不過幼樹的樹皮卻是相當光滑。山核桃的英文名hickory來自北美原住民阿岡昆人的詞彙pockerchicory和pocohicora，指的是這種樹的果實，以及果實製成的乳狀飲料。山核桃屬於胡桃科，鱗皮山核桃的果實對人類和動物來說都非常重要，許多鳥類和哺乳類每年秋季都會大快朵頤一番，包括黑熊、狐狸、老鼠、花栗鼠、松鼠，和兔子。

鱗皮山核桃是北美洲的巨樹，生長在美國東部和加拿大東南部，壽命可以長達350年，平均高度介於18至24公尺之間，最高還可以長到36公尺！

在秋天，鱗皮山核桃的葉子會轉成美麗的黃色，使其成為植物園中非常重要的代表性成員。木材品質也非常棒，據說名列世界上最強韌、最堅硬的木材之一，今日多用來製造工具和運動器材的把手，還有球棒。

6

7

　　此外，鱗皮山核桃也是美國拓荒時代的象徵，當時的殖民者幾乎在生活的方方面面都使用這種木材，包括步槍、柵欄、家具、馬車輪，同時它也是非常好用的柴薪，非常適合烤肉跟煙燻。

圖 片 解 說

鱗皮山核桃
學名：*Carya ovata*
高度：36公尺

1.頂芽
主要的枝芽，外層包覆鬆散的鱗片，萌芽時便會張開。

2.雌花
短小的穗狀花，通常會聚成一簇，至多三叢。

3.雄花
葇荑花會和嫩葉一同從頂芽的基部綻放。

4.果實
果實薄薄的綠色外殼秋天成熟後會變成棕色，並裂成四瓣，露出中間的堅果。

5.種子
非常類似核桃和胡桃，可以生吃，烘烤後更好吃也更酥脆。

6.葉片
淡綠色的羽狀樹葉有五片小葉，上方三片比底部兩片還大。秋天時整片樹葉會變成明亮的奶油黃色。

7.樹幹和樹皮
成熟的樹幹表面非常粗糙，灰色的樹皮會裂開成長條狀，從樹幹剝離開來。

三號展示室

溫帶地中海林

環境：溫帶地中海林
地中海盆地
地中海針葉林
澳洲桉樹區
西班牙栓皮櫟

環境：溫帶地中海林

我們提到地中海時，總會馬上聯想到美麗的海灘和蔚藍的海洋，但地中海這個字，其實也指一種只有兩個季節的獨特氣候區，其中擁有相當適應這種環境的植物。這些低矮的植物和灌木蓬勃生長的環境，夏季漫長、乾燥而炎熱，冬春兩季則溫暖潮濕，全世界只有五處這樣的地方。即便地中海氣候區的面積只占全球非常小的比例，卻能在此找到世界上約10%的植物，其中還包括許多原生種。

歐洲地中海盆地是世界上最大的地中海氣候區，很顯然這個氣候區就是由此得名。此地面積占世界所有地中海氣候區的三分之二，北半球的地中海氣候區還有加州的常綠硬葉灌叢和森林。另外三個地中海氣候區則是分布於南半球，位在三座不同的大陸，包括智利、南非、澳洲等地的灌木林。

所有生長在這類地中海森林的樹種，都相當適應地中海氣候區乾燥的土壤和獨特的氣候，會在涼爽的春季盡可能利用水分生長，並在夏天乾季時休息。這片森林稱為硬葉林，英文名稱sclerophyllous來自希臘文中「硬葉」之意。樹木強韌嬌小的硬葉，能夠承受乾燥的熱氣，並防止水分散失，而且通常是常綠樹種，例如西班牙栓皮櫟和笠松。另一個經典的例子則是油橄欖，它的果實橄欖非常受歡迎，橄欖油也是地中海式健康飲食的必需品。

圖 片 解 說

地中海盆地環境

*1.*哈列布松
學名：*Pinus halepensis*
高度：25公尺

*2.*笠松
學名：*Pinus pinea*
高度：25公尺

*3.*西洋柏木
學名：*Cupressus sempervirens*
高度：30公尺

*4.*油橄欖
學名：*Olea europaea*
高度：15公尺

*5.*西班牙栓皮櫟
學名：*Quercus suber*
高度：15公尺

地中海盆地

地中海盆地是世界上36個生物多樣性熱點之一，表示這裡雖是個生物多樣性相當豐富的地區，卻也因為人類開發土地而面臨風險，土地一旦經過開發，重要的自然棲地就會受到破壞。此區至今已失去70%的原始植被，令人極為震驚。

地中海盆地的範圍橫跨三座大陸：歐洲、非洲、亞洲，由常綠混合林和茂密的硬葉灌木林組成，優勢物種為高度不一的各種硬葉闊葉樹，包括三種常綠櫟樹：凱梅斯橡木、西班牙栓皮櫟，和冬青櫟。冬青櫟是相當常見的地中海樹種，同時也是伊比利半島的優勢物種，特別是西班牙。其葉片形狀大小不一，葉緣可能光滑，也可能有刺，視棲地而定，生存環境越嚴苛，葉片就越小越厚。雖然冬青櫟屬於常綠樹種，但每隔2到3年樹葉仍會全數掉落一次，重新長出一層「衣服」，以擺脫塵土、昆蟲，和受損的葉片，來保持自身的健康。

地中海盆地也有許多非硬葉樹種，包括槭樹、千金榆、朴樹，以及充滿神話色彩的西洋紫荊（又稱「猶大樹」）等。這些樹木為地中海庭園和廚房中常見的芳香植物提供了完美的生長環境，像是迷迭香、薰衣草、岩薔薇，以及無花果和石榴等好吃的水果。

圖 片 解 說

1.冬青櫟
學名：*Quercus ilex*
高度：30公尺
a) 葉片 b) 果實（橡實）
名稱來自冬青的古名，葉片也和冬青非常類似，某些葉片在邊緣擁有尖刺。

2.無花果
學名：*Ficus carica*
高度：10公尺
細枝、葉片、果實
無花果和榕小蜂之間擁有美好的互動關係，無花果實其實是藏在球莖中的花朵，因此需要特殊的授粉者，榕小蜂知道進入封閉花朵的密道（稱為「小孔」），進入之後，榕小蜂便會產卵，並將花粉帶至雌花，使無花果受精。

3.石榴
學名：*Punica granatum*
高度：6公尺
a) 葉片 b) 果實
石榴可說是水果世界之鑽，英文名稱pomegranate意為「擁有許多種子的蘋果」。在植物學上，石榴果實則是屬於漿果。石榴是種超級食物，近期的研究顯示，其種子可以協助預防心臟病、糖尿病、癌症。

4.蒙彼利埃槭
學名：*Acer monspessulanum*
高度：15公尺
a) 葉片 b) 果實
原生於地中海盆地的葡萄牙至黎巴嫩，最早是在法國南部發現，學名中的monspessulanum，便是法國城市蒙彼利埃（Montpellier）的拉丁文名。

5.歐洲朴樹
學名：*Celtis australis*
高度：25公尺
果實
果實可以食用，而且相當營養，有時稱為「天然糖果」，外殼鬆脆，果肉香甜美味。

地中海針葉林

如果你曾在炎炎夏日，置身長了針葉樹的地中海森林中，那你可能會聽見喀啦喀啦的聲音，這代表大自然正在你頭上大顯身手！

這個聲音來自針葉樹的樹冠，是雌毬果成熟的聲音。毬果的鱗片會因高溫或野火的熱氣裂開，釋放小型的有翅種子，種子最終隨風來到林地。哈列布松和奧地利松這些樹的小小種子，甚至能抵達遠在1公里外的新家。生存環境越乾燥、越溫暖，種子旅行的距離越長，以便到達野火範圍之外的土壤。毬果的鱗片在雨天會重新闔上，以保護其中剩下的種子，等到溫度升高，才會再次開啟，這個過程將持續到所有種子釋放完畢，之後毬果就會掉落。

在這類茂密的森林中，種子還有其他方法可以傳播。笠松便會長出大型的無翅種子，在毬果裂開時直接掉到地上，對所有飢餓的動物來說（包括小型囓齒類和鳥類），這些果實都是一場盛宴。

本區的代表性樹種非黎巴嫩雪松莫屬，這種巨大挺拔的針葉樹原生於地中海盆地東部山區，歷史極為悠久，在古代的木工中相當流行。黎巴嫩雪松的毬果和木材曾經是樹脂的原料，埃及人會用這種樹脂來製作木乃伊。木材也非常耐用堅固，還會散發香氣，因而能夠抗蟲害，古代常用來建造寺廟、宮殿、船隻，最有名的例子便是所羅門王在耶路撒冷興建的聖殿。

圖 片 解 說

1.哈列布松
學名：*Pinus halepensis*
高度：25公尺
a) 葉片 b) 成熟的雌毬果
古代會使用哈列布松的樹脂來密封酒瓶，不僅能防止氧化，還能讓酒擁有樹脂的香氣。時至今日，希臘白酒「松脂酒」在發酵時仍會加入小塊的松脂增添風味。

2.奧地利松
學名：*Pinus nigra*
高度：50公尺

a) 未成熟的雌毬果 b) 未成熟雌毬果橫切面 c) 成熟的雌毬果 d) 葉片和雄毬果
這種健壯的松樹擁有成對的堅硬針葉，繁殖用的毬果會在五月打開，雌毬果為紅色，充滿花粉的雄毬果則是黃色。

3.黎巴嫩雪松
學名：*Cedrus libani*
高度：40公尺
枝狀葉片和成熟的雌毬果
黎巴嫩雪松是馬龍派基督徒的象徵，同時黎巴嫩國旗的中央也有

這種樹。

4.刺柏
學名：*Juniperus oxycedrus*
高度：15公尺
a) 枝狀葉片和成熟的雌毬果 b) 未成熟的雌毬果 c) 未成熟雌毬果橫切面
從樹幹和樹枝取得的木材經過蒸餾後可以製成精油，用來治療多種皮膚發炎。

1a

2b

2c

2a

1b

2d

4b

4a

4c

3

澳洲桉樹區

在五個地中海生態群落中（參見第46頁），澳洲桉樹區的生物多樣性為第二高，擁有各式較小的樹木和灌木，優勢物種是桃金孃科的桉樹。澳洲共有超過700種桉樹特有種，不過本區只擁有不到30種。

桉樹的樹葉和樹皮中擁有桉油醇，這是一種有毒物質，也是天然的除蟲劑，讓大多數動物都無法以桉樹為食。正因如此，桉樹無法由昆蟲授粉，必須「自花授粉」，這造就了壯觀的景觀，每次花季桉樹都會開滿紅色、黃色、白色的穗狀花。穗狀花沒有花瓣，而是擁有數百個含有花粉的蓬鬆雄蕊，目的在於確保有足夠的花粉可以進行自花授粉，畢竟它們沒有其他繁殖方式可用了。

桉樹的英文mallee來自澳洲原住民語，指的是桉樹從樹根根冠重新發芽的方式，新生的樹會擁有多個樹幹。貧瘠的沙土不利大多數樹木生存，但桉樹在這麼嚴苛的環境下卻適應得相當良好。每棵桉樹都有所謂的木質塊莖，這是樹木位在地底的腫脹部分，也是重新發芽長出之處，這塊「腫脹」含有新芽，新生的樹便是在此處發芽。此外，木質塊莖也含有新芽生長所需的澱粉，這在樹葉遭到該地區頻繁的野火破壞時尤其重要。

本區生長在森林下層的低矮樹種包括相思樹和白千層，這些樹和桉樹一樣，能夠在惡劣的環境中存活生長。

圖 片 解 說

1.粉綠油桉
學名：*Eucalyptus oleosa*
高度：12公尺
a) 未成熟的種子莢 b) 花朵 c) 葉片
粉綠油桉的果實稱為膠果，不可食用，末端的孔洞遇熱便會打開，例如野火或炎熱的天氣，一次釋放出所有蠟質種子。

2.鐘果桉
學名：*Eucalyptus preissiana*
高度：5公尺
花朵
鐘果桉美麗的亮黃色花朵可以達3公分大，花謝後十月時會結出鐘型果實。

3.紅花絲桉
學名：*Eucalyptus erythronema*
高度：6公尺
a) 花朵 b) 花苞 c) 裂開的花苞
Eucalyptus一詞來自拉丁文的eu，代表「好的」，加上希臘文的kalyptos，代表「覆蓋」，描述的正是覆蓋花苞、帽子般的蒴蓋構造，能夠保護蓬鬆的雄蕊。

4.山相思
學名：*Acacia montana*
高度：3公尺
a) 葉片 b) 花朵 c) 花苞

5.皂桉
學名：*Eucalyptus diversifolia*
高度：6公尺

a) 葉片 b) 花朵 c) 果實

6.西澳紅茶
學名：*Melaleuca lanceolata*
高度：10公尺
花朵
這種植物非常強韌，常生長在海邊高處，承受含鹽的鹹鹹海風和酷熱，卻仍相當繁茂，嗜蜜的鳥類和蜜蜂非常喜愛其富含花蜜的花朵。

1a

1b

1c

2

3a

3b

3c

4a

4b

4c

5a

5b

5c

6

西班牙栓皮櫟

西班牙栓皮櫟廣為人知的原因，是因為它的樹皮是用途非常廣泛的天然資源。西班牙栓皮櫟是常綠樹種，屬於北半球溫帶和熱帶地區的500種櫟樹之一。其生長的特殊森林，葡萄牙語稱為montado，西班牙語則稱為dehesa。許多極危動物，包括伊比利山貓和伊比利帝國鷹，這類特殊森林都在維護牠們的棲地上扮演重要角色。

栓皮是由許多死去的纖維素細胞和叫作木栓質的防水物質組成，其中充滿空氣，造就重量輕、不透水、具備浮力的特性。而保溫和防火的特質，有許多領域都能加以利用，包括太空工業。1981年時，從225棵樹上採來的栓皮，就用在製作哥倫比亞號太空梭巨大燃料槽的絕緣層。

即便今日栓皮多用於製造鞋子、地板、瑜珈墊，採收這種特殊櫟樹的厚重樹皮，已是歷史悠久的永續活動，數千年來技巧高超的工匠只需要用一把斧頭便能輕易達成。剝取樹皮並不會傷害到樹木本身，因為樹皮每年都會重新生長出來，然而，至少要等上9年才能再次剝取。一棵樹的生命周期大約可以剝取15次，大小中等的西班牙栓皮櫟壽命約為150至200年，一生約能產生一公噸的生栓皮，可以製造超過6萬5千個軟木塞。

--- **圖 片 解 說** ---

西班牙栓皮櫟
學名：*Quercus suber*
高度：15公尺

1a. 未成熟的橡實
橡實成熟前體積較小，顏色為綠色，成熟後會慢慢變大，並轉為堅果般的棕色。

1b. 成熟的橡實
多數櫟樹長出的橡實都無法食用，但西班牙栓皮櫟的可以！和栗子一樣，食用前要先煮熟。

2. 主幹和樹枝的軟樹皮已採收完畢的樹木
走進一片成熟的西班牙栓皮櫟林中，你會發現種類和顏色各異的樹皮。還沒採收過的樹，樹皮顏色非常淺，幾乎呈灰色。剛採收過的樹外觀則是亮紅色，幾年前採收過的樹，外表呈深棕色，幾乎接近黑色。顏色可以用來辨別上一次採收樹皮的時間。

3. 樹幹橫切面，可以看到厚而多孔的樹皮層
光是1立方公分的樹皮就含有4千萬個氣孔細胞。切割塑型成軟木塞後，吸盤效應會使塞子卡住瓶口。

4. 花朵
西班牙栓皮櫟屬於雌雄同株（參見第84頁），即雄花和雌花長在同一棵樹上。雄花約4至7公分大，是黃色的菜荑花，依靠風力授粉。

1a

1b

2

3

4

四號展示室

熱帶雨林

環境：熱帶雨林

非洲和亞洲的雨林

美洲的雨林

黃柳桉

環境：熱帶雨林

熱帶雨林炎熱又潮濕，高聳的巨樹深入雲霧之間，並充滿各式各樣的生物，大型昆蟲在林地上奔竄，浮誇的犀鳥、鸚鵡和巨嘴鳥在林木之間爭奇鬥豔，還有充滿異國風味的大型貓科動物在茂密的矮樹叢中覓食。

熱帶雨林分布於數座大陸，包括南美洲、非洲、亞洲、澳洲東北部，還有亞馬遜雨林和剛果盆地，這些地區統稱熱帶地區，一年四季的日照時數都相同，平均氣溫介於攝氏26度至27度，雨量也相當豐沛，年降雨量達2,500至4,500毫米。

熱帶雨林的生物多樣性非常豐富，是樹種數量最多的森林棲地，每平方公里就有超過1,000種常綠及半常綠樹種。森林總共分為五層：樹木最高可以超過30公尺的喬木層、能夠獲取大量陽光和降雨的茂密樹冠層、潮濕陰暗的下層，這裡擠滿了競爭珍貴陽光的植物，以及最低的灌木層和地面層，只有2%的陽光可以穿透到此處。底層的樹木比較小棵，但擁有較大的葉片，才能盡量利用樹冠間灑下的有限陽光。

不幸的是，這些雄偉的雨林正快速消失，每天都有超過8萬1千公頃的雨林遭到焚燒，以便改種農作物。濫伐也是非常嚴重的問題，在過去50年間，世界上的熱帶雨林已經消失超過一半，因而保育這些珍貴的地方，可說是前所未有地迫切。

圖 片 解 說

馬來西亞地區的雨林

1.雀榕
學名：*Ficus virens*
高度：40公尺

2.東京龍腦香
學名：*Dipterocarpus retusus*
高度：60公尺

3.印度紫檀
學名：*Pterocarpus indicus*
高度：40公尺

4.山竹
學名：*Garcinia mangostana*
高度：10公尺

非洲和亞洲的雨林

剛果盆地是世界第二大的熱帶雨林，範圍橫跨6個非洲國家，擁有超過1萬種植物，其中包括超過600種樹種，為此地許多瀕臨絕種的野生動物提供庇護，像是西部低地大猩猩和東部山地大猩猩。

和亞馬遜雨林不同，此區雨林樹木的樹皮通常較薄也較光滑，如此才能免於爬藤的侵擾；或是像吉貝木棉的樹皮有刺，能防止動物攝食。此區的樹木也相當堅硬紮實，好抵抗白蟻和其他以樹木為食的昆蟲，但遺憾的是，這樣的演化也對樹木本身不利，因為這些特質使得它們的木材成為珍貴的資源。西非濫伐的情形非常嚴重，此處的熱帶雨林今日已剩下不到20%。

東南亞的熱帶雨林是世界上最古老的雨林，存在超過1億年，分布在斯里蘭卡、越南、泰國等亞洲大陸的國家、馬來半島、包含蘇門答臘、爪哇、峇里島在內的馬來群島，以及婆羅洲等太平洋島嶼，在當地稱為malesia。

這些古老樹林中的植被相當豐富多元，許多都是常綠樹種，此地的優勢物種則是由龍腦香科（英文學名Dipterocarpaceae，「兩翅果實」之意）的植物稱霸，例如東京龍腦香這種巨樹，就可以長到超過60公尺高，光滑筆直的樹幹一路延伸至樹冠中。

圖 片 解 說

1.木棉
學名：*Bombax ceiba*
高度：25公尺
a) 花朵 b) 果實
亮紅色的花朵會於樹葉生長前的春天盛開，並分泌大量香甜醉人的花蜜，鳥類、松鼠，和負責授粉的蜜蜂根本完全無法抗拒。

2.多脈木奶果
學名：*Baccaurea motleyana*
高度：12公尺
a) 果實 b) 果實橫切面
大多數的樹木都是從新枝或幼苗長出花朵，但某些樹木，像是多脈木奶果，則是從樹幹和主幹開花結果，這種植物學特性稱為「幹生花」，部分是因為果實太重，樹枝無法獨力支撐而造成。另一個原因則是要讓大型動物（例如靈長類）更易於協助授粉，假如果實長在高聳的樹冠上，這類動物就無法取得。

3.東京龍腦香
學名：*Dipterocarpus retusus*
高度：60公尺
a) 葉片 b) 花朵 c) 果實 d) 花朵細部
只要東京龍腦香的樹皮受到損傷，樹幹就會分泌油狀樹脂，可以協助抵禦細菌、真菌，和動物。

4.可樂果
學名：*Cola acuminata*
高度：20公尺
花朵
可樂果含有2%的咖啡因、可可鹼、可樂鹼，早期製作許多通寧水和軟性氣泡飲料時都會使用，例如可口可樂。

美洲的雨林

這類雨林又稱新熱帶雨林，分布在世界上三個地區：加勒比海群島、中美洲，和南美洲。此區的亞馬遜雨林是世界最大的雨林，占全球熱帶雨林生物群落45%，比例相當驚人，約擁有3,900億棵樹。

這類雨林中的樹木擁有巨大寬闊的板根，除了協助扎根之外，也讓樹木不會遭到強風吹倒。樹葉則是相當厚的蠟質樹葉，通常呈橢圓形，末端為尖銳的水滴狀，方便雨水流下，並協助蒸散作用。

難過的是，大部分的熱帶雨林都正因濫伐和大火快速消失，通常是為了發展畜牧業、採礦和非法伐木。雨林大火會摧毀大部分的樹木和幼苗，因為大火是在現代才發生的現象，而且是人為因素造成，所以樹木並沒有針對大火演化出相關機制。

大幅開展枝葉、超出樹冠層的大樹高度平均為30至50公尺，但是在低地的熱帶雨林中，有些樹可能會長到令人頭暈目眩的90公尺高，就算面對乾燥的強風，仍是欣欣向榮。這類突出的大樹包括巴西黑檀和巴西栗，張開的平坦樹冠如同一把大傘，使樹木可以盡可能大面積接觸到陽光，同時又能減少樹葉為低處帶來的陰影。

這類森林的被子植物種類也相當豐富，像是爬藤類就比非洲和亞洲的雨林還多，還有長在樹幹及樹枝上的附生植物。某些樹光是單一棵樹上就擁有將近200種蘭花和1,500種其他的附生植物。

圖 片 解 說

1.桃花心木
學名：*Swietenia mahagoni*
高度：25公尺
a) 果實 b) 花朵 c) 成熟的果實 d) 果實切面
桃花心木非常厚實，呈深紅棕色，是珍貴的木材，因為可以製作高品質的家具、鋼琴、其他樂器、船隻，和高級鑲板。

2.巴西柴油樹
學名：*Copaifera langsdorffii*
高度：35公尺
種子莢

樹幹可以採收富含碳氫化合物的樹液，不須精煉便可取代柴油，因此得名。

3.巴西黑檀
學名：*Dalbergia nigra*
高度：40公尺
木材橫切面
木材呈深棕色，擁有深色條紋，稱為「蛛網」。這種樹就算在貧瘠的土地上也能快速生長，因為根部產生的微生物能從大氣中吸收氮氣，進行固氮作用後便能當成養分。

4.癒傷木
學名：*Guaiacum officinale*
高度：9公尺
a) 花朵 b) 葉片 c) 果實 d) 打開的種子莢
英文俗名lignum vitae取自拉丁文，意為「生命之樹」，得名自其療效，可以用來治療多種症狀，包括咳嗽、扁桃腺發炎、關節炎。此外，其木材為世界上最硬最重，相當適合用來製作工程用的轉軸、軸承和滑輪等。

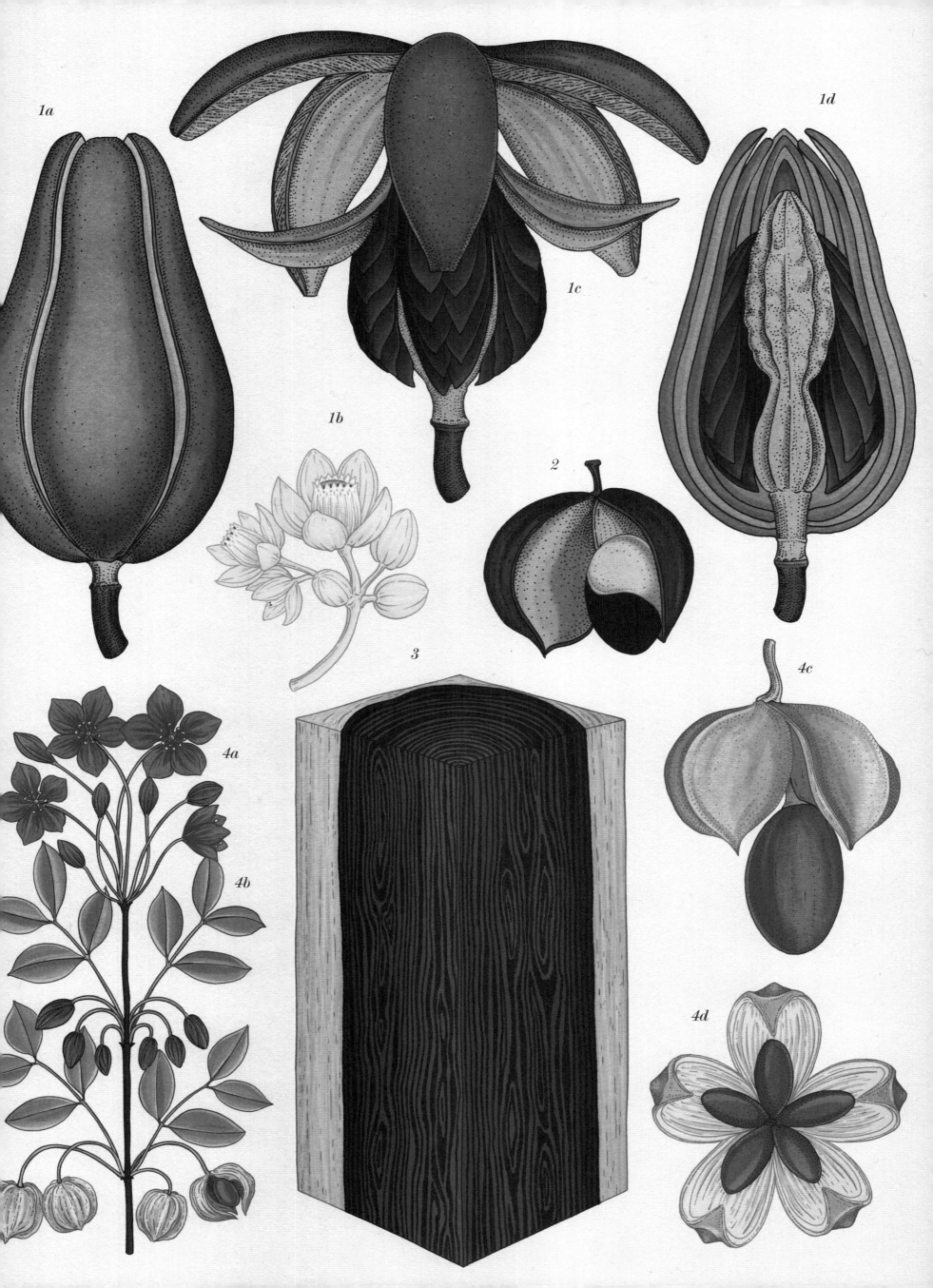

黃柳桉

雄偉的黃柳桉是世界上最高的熱帶樹木，高度將近101公尺，2019年發現這棵樹的團隊為它取了個非常相稱的名字Menara，在馬來文中是「高塔」之意。這棵樹生長在婆羅洲的丹濃谷保護區深處，高聳直入樹冠，不過即便這個高度已經是破紀錄了，科學家仍認為此地應該還有更高的黃柳桉存在。

　　發現Menara的丹濃谷是東南亞保護非常妥善的區域，除了庇護某些世界上最稀有的瀕危動物，像是婆羅洲猩猩和神出鬼沒的巽他雲豹外，此地也是這些巨樹的藏身處和生態熱點。2016年，科學家發現了一整座黃柳桉樹林，每一棵高度都超過90公尺，他們認為Menara的驚人高度，很有可能也是樹木高度的極限，再高的話，就無法輸送不可或缺的糖分和水分到樹冠了。

為了撐過山谷中的強勁季風，黃柳桉在樹幹底部演化出了巨大的喇叭狀板根，重量約為8萬1千公斤，還沒算上樹根本體，就比滿載的波音客機還重。黃柳桉同時也生長得格外筆直，木材是美麗的淡黃棕色。令人難過的是，這些特色使黃柳桉成為價值非常高的木材，因而瀕臨絕種。

圖 片 解 說

黃柳桉
學名：*Shorea faguetiana*
高度：100.8公尺

1.樹木
屬名Shorea是紀念英屬東印度公司1793年至1798年的總督，約翰·蕭爾（John Shore）爵士。

2.果實
黃柳桉是龍腦香科植物，大多數龍腦香科樹木擁有類似堅果的兩翅種子，但本屬（娑羅双屬）的植物種子擁有三翅，就像羽毛球，可以協助種子藉由風力傳播到林地，一棵黃柳桉每季最多能產生12萬粒活蹦亂跳的種子。

3.葉片
黃柳桉葉片狹長，沿著樹枝交替生長，表面相當光滑，以便雨水快速滴落。

4.花苞
黃柳桉的開花間隔並不規律，在3至10年之間都有可能。多數花朵會在花季盛開，接著會產生大量的種子，以確保能有種子撐過乾旱存活下來，同時也防止吃種子的掠食者把種子吃光。

五號展示室

熱帶旱生林

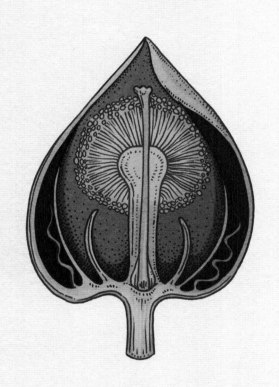

環境：熱帶旱生林

熱帶旱生林

熱帶莽原

猢猻木

熱帶堅果和香料

熱帶水果

環境：熱帶旱生林

多數人想到熱帶森林時，腦海中浮現的是蒼翠的常綠植被和水氣蒸騰的叢林氣候，但這並非完全準確，因為還有又稱熱帶落葉林或季風雨林的旱生林，位於南美洲、非洲和亞洲等地的熱帶地區。此地全年的平均溫度皆高於攝氏20度，乾季可能長達數個月，使熱帶旱生林和不分乾季溼季、全年氣候類似的熱帶雨林相當不同。

雖然這類森林的生物多樣性比潮濕的雨林低，但仍然是許多野生動物的重要棲地，其中許多都是特有種。猴子、老虎等大型貓科動物、囓齒類、棲息在地面附近的鳥類、蝙蝠等動物，以隨季節不同的各種食物維生，儲存起脂肪，以在嚴苛的氣候下存活。

本區不少樹種都屬於落葉樹，會在乾季開始時落葉，以減少水分散失。樹葉掉到林地上後，就會遭各式昆蟲和細菌快速分解，將舊葉化為樹木的養分，特殊的真菌也會和遍布土壤表層的細小樹根形成共生關係，促進攝取養分（參見第6、7頁）。正是因為這裡肥沃的土壤利於農耕，使旱生林成為伐木開墾的完美目標，在所有的熱帶雨林中，就屬旱生林遭受最大的威脅。

即便叫作旱生林，本區在溼季仍有可能擁有大量降雨，在夏季時降雨量可能達1,000至2,000毫米。在亞洲和非洲某些地區，降雨量受季風影響甚鉅，季風會帶來猛烈的短暫豪雨，日雨量最多可以達到700毫米。樹木要重新長出樹葉，並展開另一次生長季和花季，就需要這些水分。

───────────── 圖 片 解 說 ─────────────

東非赤道帶的莽原

1. **東非金合歡**
學名：*Vachellia drepanolobium*
高度：6公尺

2. **瘧疾樹**
學名：*Acacia xanthophloea*
高度：25公尺

3. **猢猻木**
學名：*Adansonia digitata*
高度：20公尺

熱帶旱生林

乾季開始時，非洲熱帶落葉林中的某些樹種就已生機勃勃，包括火焰木在內的開花植物，以豔麗的花朵妝點整座森林，當周遭的其他樹木在這段期間落葉以防止水分散失，綻放花朵的樹木便脫穎而出。不過落葉的樹木也會帶來好處，它們讓樹冠層撥「葉」見日，陽光可以直抵林地，讓許多野生動物賴以維生的底層矮樹叢蓬勃生長。

這類森林中的樹種，也發展出了各式應對極端季節變化的方法。在墨西哥和熱帶美洲的旱生林及雨林接壤之處，吉貝木棉便將雨季時獲得的多餘水分儲存在樹幹中，非洲的猢猻木也有同樣的特色（參見第74頁），這些珍貴的水分，讓樹木在乾季仍能保持溼潤，而且會從地表吸收水分的淺根也有同樣的功效。為了避免動物偷走水分，吉貝木棉還有另一招，會在樹枝和主幹上長出尖刺，就像玫瑰的刺一樣，這些尖刺也能防止爬藤和其他藤本植物攀附，要是樹幹很光滑，藤蔓就會攀著枝幹直奔陽光而去。

本區許多樹種都仰賴多樣化的方法傳播種子，包括風力和動物等，種子可以依附在鳥類和蝙蝠身上，大象這類動物則是可以靠糞便協助種子傳播，而螞蟻和糞金龜等昆蟲，也對於把種子從原樹傳播至適合的發芽環境，扮演了重要角色。

--- **圖 片 解 說** ---

1. 火焰木
學名：*Spathodea campanulata*
高度：23公尺
花朵
火焰木的花朵聚集成簇，大小和足球差不多，如同碟子般綻放，擁有大量香甜的花蜜，能吸引成群蜂鳥幫忙授粉。

2. 可可波羅
學名：*Dalbergia retusa*
高度：20公尺
a) 種子莢 b) 木材橫切面
這種樹的心材堅硬、沉重而強韌，呈暗紅色，夾雜黑色的條紋，用途相當廣泛，可製作包括刀具和工具的握把、樂器，和科學器材，但也因而遭到大量砍伐。

3. 吉貝木棉
學名：*Ceiba pentandra*
高度：70公尺
a) 擁有尖刺的樹幹 b) 種子莢
吉貝木棉的種子長在種子莢中，種子莢可以採收類似棉花和羽毛的防水纖維，用於填充床墊、救生衣、枕頭、家具襯墊等，也能當成絕緣材質。不過現在已遭合成材質取代。

1

2a 2b 3a 3b

熱帶莽原

莽原位於赤道附近，是一片樹木和灌木星羅棋布，廣闊起伏的熱帶草原，最著名的例子便是非洲坦尚尼亞的賽倫蓋提，面積達3萬平方公尺，以其獨特的生態聞名，包括獅子、長頸鹿、大象、斑馬，以及在草原上大快朵頤的成群草食動物。

　　莽原地區的雨量不足以支持一整座熱帶雨林，卻也不至於乾燥得像沙漠一樣，是個精細平衡的生態系統。這裡擁有兩個區別明顯的季節，雨季及乾季，氣溫則是終年維持高溫。莽原稀少的水分、高溫和強風，讓高大的樹木不易生長，但仍有許多物種適應了這些嚴苛的條件，有些樹只會在雨季長出葉子，並擁有相當深的軸根，可以深入富含水分的地底，並將多餘的水分儲存在根部和樹幹中。

　　這些樹不僅需要生命力夠強韌才能在嚴苛的環境中生存，野火等天然災害以及貪吃的昆蟲和動物，也對其生存帶來嚴重威脅，幸好這裡的樹木都擁有高明的自衛手段。相思樹這個莽原中常見的代表性樹種，就會在長頸鹿等動物咬下第一口樹葉時，釋放出有毒的生物鹼，苦味不但能讓長頸鹿停止進食，也能在空氣中散布費洛蒙，警告鄰近的相思樹危險到來，如此一來，其他樹木的樹葉也會開始釋放相同的化學物質。

圖 片 解 說

1. 鳳凰木
學名：*Delonix regia*
高度：12公尺
a) 花朵 b) 葉片
鳳凰木的屬名來自其花朵的美麗外觀，希臘文中的delos意為「耀眼」，onix則代表「爪子」。但由於位在馬達加斯加的棲地遭到破壞，鳳凰木的生存正日益受到威脅。

2. 瘧疾樹
學名：*Acacia xanthophloea*
高度：25公尺
a) 花朵 b) 葉片

瘧疾樹的俗名來自早期的歐洲殖民者，他們認為這種樹會引發瘧疾。不過我們現在知道疾病其實是由蚊蚋傳播，而瘧疾樹樹皮則含有傳統療法用來治療這種疾病的成分。

3. 東非金合歡
學名：*Vachellia drepanolobium*
高度：6公尺
a) 膨脹的尖刺 b) 葉片
東非金合歡和一種火蟻形成了共生關係，這種火蟻以樹的花蜜為食，並居住在膨脹的空心尖刺中。草食動物要食用樹葉和尖刺時，就會被住在裡面的火蟻攻擊。風吹過尖刺中的蟻穴時，會產生呼嘯聲。

4. 乳香樹
學名：*Boswellia sacra*
高度：8公尺
a) 樹脂 b) 樹幹橫切面和薄薄的樹皮
這種矮小的落葉樹是乳香的主要來源，樹木10歲後就可以開始採收。在樹幹薄薄的樹皮上切開一個開口，讓乳香流出就可以蒐集。古埃及人便是利用乳香來防腐屍體，並稱之為「眾神的汗水」。

猢猻木

名聞遐邇的猢猻木因為又短又粗的樹幹就像根系伸向空中，所以又稱顛倒樹，在非洲莽原相當常見，壽命可以長達千年，於是成為世界上最古老的被子植物。這種植物的屬名Adansonia紀念的是法國探險家暨植物學家米歇爾‧阿當森（Michel Adanson），他在1749年途經塞內加爾時，發現了一棵猢猻木，這也是非洲大陸上僅有的一種猴麵包樹。

猢猻木的體型既短又粗得不成比例，桶子般的樹幹稱為「粗幹」，可說是它最明顯的特徵。猢猻木的樹幹非常巨大，直徑可以粗達10公尺，使得當地人甚至把某些空心的樹幹當成避難所，最多能容納35名成人！在漫長的乾季中，了無生息的猢猻木看似已經死去，但在糾結的灰色樹皮下，其實可以儲存多達10萬公升的雨水，要撐過乾季綽綽有餘。

猢猻木又稱「生命之樹」，擁有重要的社會和經濟意義，能為當地人提供庇護、衣著、食物、飲水，和木材。它也是當地重要的原生果樹，果肉富含維他命C，樹葉的鈣含量還比波菜多了50%，可以直接當成蔬菜食用。此外，樹根、樹皮、樹葉和種子也能用來治療各種病痛，樹皮的纖維還能用來製作繩索和編織籃子。

圖 片 解 說

猢猻木
學名：*Adansonia digitata*
高度：20公尺

1.樹木
猢猻木的樹皮可以防火，相當厲害。

2.花朵
a) 花朵 b) 花苞橫切面
美麗的白花最多含有一千支雄蕊，夜晚會散發香氣，吸引負責授粉的狐蝠。

3.葉片
葉片擁有5至7片小葉，就像手指，這也是種小名digitata的由來。

4.果實橫切面
形狀如蛋的木質果實稱為「猴麵包」，可以達30公分大，質地如粉狀的果肉非常營養，可以生吃或煮粥，某些文化還相信種子熬出的藥水擁有魔力，可以防止鱷魚攻擊。

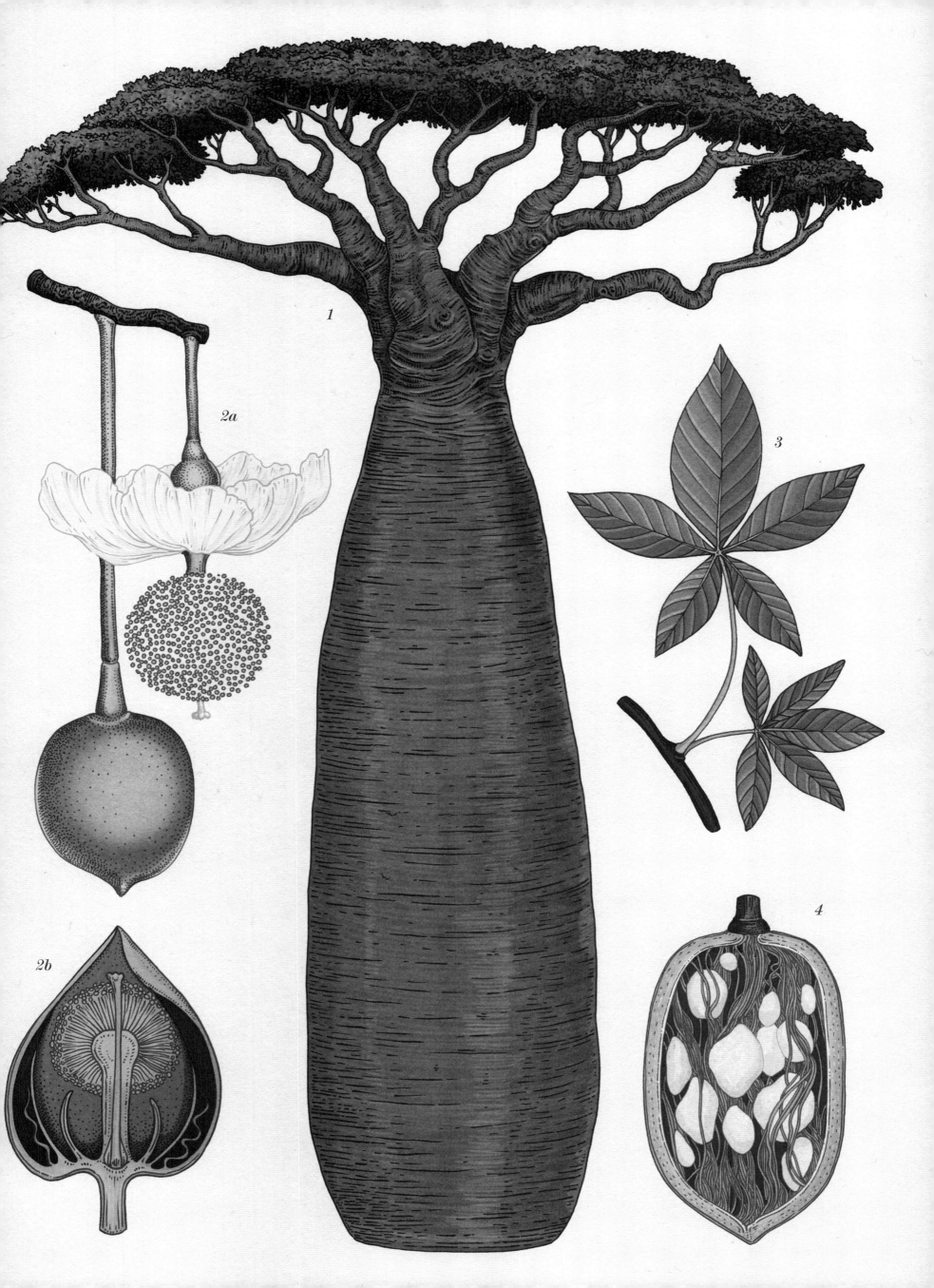

1

2a

2b

3

4

熱帶堅果和香料

保育世界各地的雨林，不僅只是為了保持地球強健的必要之舉，雖然我們可能沒有意識到，但是我們的飲食其實有很大一部分是仰賴熱帶地區提供，從冰淇淋中的香草莢、我們當零食吃的巧克力、配早餐喝的咖啡，到每天煮菜時使用的香料都是。

從巴西栗到夏威夷豆和腰果，堅果可說是人類最營養的食物之一，也是均衡飲食的重要組成。堅果和香料常常藏在硬殼中，並生長在茂密熱帶雨林中難以搆及的樹頂，使採收困難重重。

巴西栗便是最佳範例，它的外殼呈三角形，非常難撬開，事實上世界上也只有兩種生物曾經成功過：靠著工具協助的人類，以及牙齒尖利的巴西原生囓齒類蹄鼠。雄偉的巴西栗原生於亞馬遜盆地，可以高達50公尺，當地的「採栗人」會在溼季時採集掉在林地上的巴西栗果實，由於果實非常沉重，又從這麼高的高度掉落，因而常常會插進泥土裡。

香料是熱帶植物散發香氣的部位，用來調味食物的歷史已超過5千年，最早的紀錄可以追溯至西元前3500年，當時的古埃及人用香料來做菜和防腐屍體。中世紀時香料非常珍貴，在歐洲甚至和黃金一樣貴重。16世紀時，香料在世界各地的流動，大幅影響東南亞的探勘和殖民，也導致歐洲各國為了掌控香料貿易，展開激烈競爭。

今日最常見的香料，包括丁香、肉桂、肉豆蔻，皆來自熱帶樹種的樹皮、種子、花苞，和樹根。鹽膚木和八角等其他香料，則來自漿果、種子，和乾燥的果實。

圖 片 解 說

1.錫蘭肉桂
學名：*Cinnamomum verum*
高度：17公尺
a) 長了葉片和花朵的細枝 b) 花朵橫切面 c) 樹皮管
採收樹皮時只能採收半圈，以免樹木死亡，接著把樹皮的外皮去除，留下散發香味的內皮，再切成小段曝曬，內皮會在曝曬過程中蜷曲成圓筒形的「管」，就成為市面販售的肉桂棒。

2.巴西栗
學名：*Bertholletia excelsa*
高度：50公尺
a) 花朵橫切面 b) 長了葉片、花朵和果實的細枝 c) 果實橫切面，可以看見三角形的堅果 d) 堅果
巴西栗的果實相當堅硬，呈球狀，就像木製砲彈，直徑可達20公分，內含多達24粒堅果。

3.丁香
學名：*Syzygium aromaticum*
高度：20公尺
a) 花苞橫切面 b) 長了葉片和花苞的細枝
丁香是耶誕時節的經典香氣，會加在肉派和布丁中，也能用於印度酸辣醬和咖哩。花苞成熟後會變成亮紅色，並在開花前以人力採收。

4.肉豆蔻
學名：*Myristica fragrans*
高度：23公尺
a) 種子橫切面 b) 種子 c) 外殼橫切面，可以看見種子
先將堅果乾燥6至8周，再將種子磨成粉狀香料，即為肉豆蔻，主要用於製作甜點。

1a

1b

1c

2a

2b

2c

2d

3a

3b

4a

4b

4c

熱帶水果

人類在歷史上大多數時間都是過著狩獵和採集野生植物的生活，踏遍每個角落只為尋找能夠提供人類所需糖分的水果，以補足覓食一整天所耗盡的精力。值得注意的是，考古學家曾在4,500年前的非洲聚落中，發現保存良好的香蕉遺跡，還在4,000年前英國青銅器時代的聚落中，找到櫻桃化石，顯示我們和水果的關係有多淵遠流長。

水果是被子植物上垂下的成熟部位，可能飽滿多汁，也可能乾癟，大多數都能直接從樹上摘下來生吃。某些水果的種子包裹於飽滿的果肉中，包括芒果、酪梨、百香果和柑橘，等到果實成熟，散發香味，外皮變成鮮豔的顏色時，就能吸引各式各樣的動物，這類動物便稱為果食性動物，多數都棲息在熱帶雨林中。

多汁的果肉不僅能保護種子，也能協助種子傳播。南方食火雞這類鳥類或哺乳類吃下果實後，種子可以毫髮無傷通過其消化系統，並在1公里外隨著糞便排出，準備發芽。果食性動物能夠將種子傳播到更遠的地方，而非直接落在原樹的樹冠下，因而能夠提高子代的存活率。

圖 片 解 說

1. 麵包樹
學名：*Artocarpus altilis*
高度：20公尺
麵包樹是目前已知產量最高的果樹之一，光是一棵樹每年就可以長出150顆果實，每顆重達5公斤。

2. 荔枝
學名：*Litchi chinensis*
高度：10公尺
原生於中國南部，種植和食用的歷史已超過4,000年。剝皮後裡面是半透明的白色果肉，散發花香，口感清甜。

3. 檸檬
學名：*Citrus x limon*
高度：12公尺
檸檬的來源未知，據說是由苦橙和枸櫞雜交而來。香檸檬油據說也是這兩者雜交的產物，香檸檬果皮榨取的這種油會用來賦予格雷伯爵茶風味。*

4. 芒果
學名：*Mangifera indica*
高度：30公尺
芒果屬於核果，也就是果肉飽滿、中間包覆單顆堅硬種子的水果，包括梅子、桃子等都屬於核果。

5. 山竹
學名：*Garcinia mangostana*
高度：10公尺
山竹屬於孤雌生殖，雌樹不需授粉便能結出果實，成熟的果實擁有厚實的深紫色外殼，含有多達4粒種子。

6. 楊桃
學名：*Averrhoa carambola*
高度：10公尺
楊桃又稱「五斂子」，連同略呈蠟質的外皮在內，星形果實整顆都可以食用。深黃色的果實外側有五道隆起，攔腰橫切時如同星星。

* 香檸檬的來歷有多種說法，有些植物學家認為其為檸檬的同種異名（如本書觀點），也有其他說法認為香檸檬是苦橙和檸檬雜交而成。——編注

六號展示室

庭園

環境：庭園

開花方式

授粉方式

琪桐

觀賞型樹木

環境：庭園

不管是在美麗的鄉村風花園、寧靜和諧的日式庭園，還是完美對稱的華麗庭園中，庭園設計和維護都已超出尋常的興趣，成為一門藝術。

　　樹木在西方庭園中最早的用途，是把經過修剪的樹籬和果樹當成籬笆使用，16和17世紀時，這些樹木起初的用途是提供遮蔭和水果，直到17世紀末至18世紀，樹木才發展出純粹的裝飾用途。

　　除了美觀之外，樹木也為花園主人帶來其他好處，包括緩和建築鋒利的稜角和其他硬景。單一樹木可以成為庭園的焦點，隨意點綴的樹木則能形塑和強調值得注意的區域和角度。在對的地方種對的樹，也能透過減緩風速和減少交通帶來的噪音污染，創造出微型氣候。

　　種樹對環境也非常好，因為樹木可以用樹葉和樹皮吸收有害的溫室氣體，減少空氣汙染；也能降低地表逕流和大雨後水災的機率。樹木同時也可說是天然的冷氣，樹蔭能讓夏季日間和夜間的氣溫皆至少降低攝氏8度，進而節約能源。

　　擁有多種開花樹木的都市花園非常重要，包括哺乳類、鳥類、負責授粉的昆蟲在內，花園能夠對各式各樣的野生動物提供豐富的棲地和食物來源。花園裡的樹永遠不嫌多！

圖 片 解 說

典型歐式花園

1.雞爪槭
學名：*Acer palmatum 'Atropurpureum'*
高度：4公尺

2.糙皮樺
學名：*Betula utilis var. jacquemontii*
高度：15公尺

3.關山櫻
學名：*Prunus 'Kanzan'*
高度：5公尺

4.歐洲紅豆杉（修剪成雲朵形）
學名：*Taxus baccata*
高度：20公尺（自然生長狀態下）

5.錦熟黃楊（修剪成球形）
學名：*Buxus sempervirens*
高度：9公尺（自然生長狀態下）

6.四照花
學名：*Cornus kousa var. chinensis*
高度：7公尺

開花方式

和所有被子植物相同，大部分的樹開花都是為了繁殖，種子將會發芽，長成下一代的樹。闊葉樹的花粉來自雄蕊的花藥，會透過風力、昆蟲、動物抵達雌蕊的柱頭（參見第86頁），受精之後便會產生新的種子，種子通常包在果實中。

　　開花方式有很多種，大多數的樹木都屬於「雌雄同株」，也就是同一棵樹上會有雄花和雌花，包括櫟樹、山毛櫸、樺樹、槭樹、千金榆和胡桃木，只要靠風力幫點小忙，就能成功繁殖，而不需要個別的授粉者。

　　有些樹則是屬於「雌雄異株」，也就是雄花和雌花生長在不同的樹上，在這類情況下，雄樹和雌樹就都必須各自結出果實和種子，而且需要透過授粉才能繁殖。雌雄異株的樹木比較罕見，例如桑橙、歐洲紅豆杉，和流蘇樹。

　　銀毛椴和大花四照花則是屬於「兩性花」，也就是同一朵花同時擁有雄蕊和雌蕊，這類花朵通常很小或不太顯眼，需要額外協助才能吸引授粉者，它們靠著白色或是色彩鮮豔的巨大花苞來脫穎而出，這可說是樹木揮手求關注的方式！

　　然而，並不是所有樹都會開花，像是針葉樹就會同時長出雄毬果和雌毬果，授粉通常是透過風力。花粉從雄毬果抵達雌毬果後，會在毬鱗間受精，形成胚珠，進而長成種子。針葉樹的種子不像闊葉樹是包在果實中，而是裸露的，通常會成對連在毬鱗上。

--- 圖 片 解 說 ---

1.流蘇樹
學名：*Chionanthus retusus*
高度：20公尺
a) 雄花 b) 雌花
流蘇樹屬於雌雄異株，雄花和雌花長在不同的樹上。開花時雄樹較為壯觀，因為雄花的花瓣較雌花長，花朵會散發香氣，以吸引授粉的昆蟲。

2.梣樹
學名：*Fraxinus excelsior*
高度：30公尺
a) 頂芽 b) 花朵

梣樹的花朵多為兩性花，一朵花裡同時擁有雄蕊和雌蕊。不過梣樹也能長出個別的雄花和雌花，或甚至一棵樹上同時長有這三種花。

3.銀毛椴
學名：*Tilia tomentosa*
高度：30公尺
a) 特化葉和花朵 b) 葉片反面
椴樹的花朵也屬於兩性花，一朵花裡同時有雌雄蕊。銀毛椴開花時還會長出特化葉，除了吸引授粉昆蟲外，也協助種子依靠風力傳播。

4.美洲鐵木
學名：*Ostrya virginiana*
高度：18公尺
a) 雌花 b) 雄花
美洲鐵木屬於雌雄同株，同一棵樹上會有雄花和雌花。菜荑花的每個苞片內都藏著一串會產生花粉的雄花，雌菜荑花雖然外觀類似，雌蕊卻會凸出苞片之外，以接受釋放的花粉。

授粉方式

沒有什麼事情能夠比擬春日或夏日時坐在花園中，樹上開出的花朵色彩斑斕、盡收眼底，耳畔響起昆蟲的嗡鳴，並享受溫暖的微風吹拂。花園除了帶來一場感官饗宴外，也有各式各樣的活動熱鬧進行，昆蟲和微風都在授粉上扮演重要角色。

大部分的溫帶樹種都是由風力授粉，這個過程稱為「風媒傳粉」，風媒花和蟲媒花的外觀差異非常大，風媒花較為嬌小，沒有能夠吸引昆蟲的色彩、氣味和花蜜，花瓣也非常小，也可能沒有花瓣，而且雄蕊和雌蕊都完全曝露在環境中。這類花朵，例如糖楓的花朵，會釋放大量極輕的花粉，能夠乘著氣流旅行數百公里，風力授粉通常發生在初春，那時樹上還沒有很多樹葉，所以花粉有較大空間移動。這種授粉方式在熱帶叢林比較少見，因為叢林風力較小；但在昆蟲較少的北方寒帶林，大部分的樹都是透過風力授粉。

　　「蟲媒傳粉」指的則是花粉透過昆蟲在雄花和雌花間傳播，和風媒花相比，蟲媒花通常比較大，顏色也較為鮮豔，而且會想方設法吸引昆蟲，散發香味的花蜜可說是給蜜蜂、蒼蠅和蝴蝶的獎勵，同時還能模擬授粉昆蟲的費洛蒙。

────────── 圖 片 解 說 ──────────

1.印度七葉樹
學名：*Aesculus indica*
高度：30公尺
印度七葉樹的花瓣喉部擁有黃色的引導斑點，可以吸引蜜蜂，花朵經過授粉後，斑點會變成紅色，也開始減少或停止分泌花蜜和香氣。紅斑對蜜蜂不具吸引力，很可能是在對牠們表明不需浪費時間在已授粉的花朵上。

2.銳葉木蘭
學名：*Magnolia acuminata*
高度：20公尺

木蘭是最古老的開花樹木之一，早在蜜蜂出現前便已存在，因此唯一的授粉者只有相當原始、沒有翅膀的甲蟲，他們會鑽進封閉的花苞中，笨拙地在雄蕊和雌蕊間授粉，甲蟲至今仍是木蘭的主要授粉者。

3.糖楓
學名：*Acer saccharum*
高度：25公尺
糖楓屬於雌雄同株，長長的綠色花朵從樹枝上垂下，很明顯是以風力授粉。為了確保花粉能夠落

在同一種樹木的雌花柱頭，糖楓會製造大量花粉，但只有少數能成功授粉。

4.英國櫟
學名：*Quercus robur*
高度：40公尺
所有櫟樹都是雌雄同株，並依靠風力授粉，雄花是長長的葇荑花，從樹枝上垂下，雌花則非常細小，長在雄花之上的莖部，以降低自花授粉的機率。

珙桐

在所有花園和植物園的觀賞型樹木中，珙桐以其春天綻放的美麗花朵，可說是非常出眾的。這是一種罕見的特別樹木，可以在歐洲的公園和大型庭園中找到，在澳洲也很受歡迎。

珙桐最大的特色便是花朵，連在一對巨大的白色苞片，也就是特化的葉子上，就像小型的紫紅色毛球，從樹枝上垂掛下來，在微風中款款擺動，如同手帕。也很像白鴿在樹枝上歇息，因此又稱鴿子樹。和山茱萸相同，苞片的用意在於吸引蜜蜂，也就是這些樹的主要授粉者。

珙桐除了出眾的美貌之外，也擁有精彩刺激的歷史，等同19世紀中國西部山區溫帶森林的植物探勘史。1869年，身兼法國傳教士、博物學家和植物學家的譚衛道神父成為率先發現這種植物的歐洲人，他也是第一個目睹熊貓的歐洲人。將近30年後，法國和英國的植物學家展開了一場植物學上的賽跑，比的是誰能率先將珙桐引進西方庭園，因為他們深知其美麗充滿吸引力。

1899年，植物獵人厄尼斯特·亨利·威爾森只帶著一張手繪的小地圖，就奉英國皇家植物園之命啟程前往中國，任務便是找到珙桐，並盡可能採集種子，再將種子送回英國種植。這段旅程充滿凶險，當時因為義和團之亂，中國對外國人非常不友善，他搭乘的船隻還在浩瀚長江的急流中翻覆，不過威爾森仍成功在中國完成探險，最終找到地圖上描述的地點，卻發現那棵珙桐已經被人砍下蓋房子了！雖然威爾森非常失望，但隔年春天他在鄰近的山區發現大片的野生珙桐，並想辦法順利採集了一些種子。

回家的旅程和探險本身一樣凶險，威爾森搭乘的船隻又在返回英格蘭的途中翻覆，許多他辛苦採集的標本都沉入大海，不過珍貴的珙桐種子留了下來，最終有超過1萬3千株幼苗成功發芽。

圖 片 解 說

珙桐
學名：*Davidia involucrate*
高度：15公尺

1. 葉片
葉片通常呈心形，邊緣為齒狀，因而就算不是花季，在庭園中也非常好辨認。

2. 花朵和苞片
珙桐的種小名involucrate指的便是花朵旁的苞片，苞片一開始是綠色，後來會慢慢變成明亮的白色，除了能夠吸引蜜蜂外，也能當作雨傘，在雨天保護花粉。

3. 果實
珙桐堅硬的綠色果實成熟後會變成紫色，種子可能要超過2年才會發芽，不過要是在種植前先行冷凍，只要1年就能發芽。冷凍手續的用意是模擬度過兩次冬季，能夠減少休眠時間。

4. 細枝和冬芽
冬季的嫩枝相當光滑，擁有交錯的短小紅色尖芽，相當強韌。

5. 樹皮
新枝的樹皮相當光滑，但舊枝和主幹上的樹皮，會隨著時間變得粗糙。

觀賞型樹木

不管是櫻花樹（梅屬）的美麗花朵，或是酸蘋果樹的飽滿果實，觀賞型樹木都擁有各自的特色，因而相當適合種植在花園中。包括有趣的葉片形狀或顏色、樹皮的紋路、香氣，甚至整體的形狀和高度，都是非常受人歡迎的特色。完美的樹木可以成為花園的焦點。

專業溫室和園藝家花了數十年的時間，尋找完美的觀賞型樹木，要美得令人屏息、易於由苗圃培殖販售，還要可以在世界各地的花園中種植。古埃及人便曾記載為了美觀而將樹木掘根移植的過程，不過直到維多利亞時代，才有更多異國植物透過貿易路線傳入歐洲。喬治·佛瑞斯特和威廉·洛布這些植物獵人奉命前往遙遠的地區探險，任務便是要尋找並採集能夠種植在歐洲庭園的全新異國植物。這類探險通常相當危險，但是隨著植栽很快成為有錢人的地位象徵，只要獎勵夠豐厚，植物獵人也樂意承擔長途航程的凶險，包括船難和疾病。隨著發現全新觀賞型樹木，也促使有錢的地主開始興建植物園，或是建造精緻的溫室，最終目的便是要成為第一個種植全新樹種，並成功繁殖的人。

培育樹種，使其擁有一致的特色並非易事。如果樹木是從種子發育而來，幼苗的基因特徵就會反映出來自親代雙方的特質，而非一模一樣的複製品。為了確保一棵樹擁有完全相同的出色特徵，就必須以無性生殖的方式繁殖，可以從親代剪下莖枝，種植在苗圃中完成扦插；或是將親代的枝條，與同一個屬不同樹的根系接合，這種方法稱為嫁接。如此一來，新種出的樹就會是親代的複製品，擁有所有我們想要的特徵，日本的櫻花樹就是無性生殖的最佳代言人，世界各地的櫻花樹都是完全同一種。

―――――――――――― **圖 片 解 說** ――――――――――――

1. **吉野櫻**
學名：*Prunus x yedoensis*
高度：12公尺
這是來自日本的雜交種櫻花，於1902年引進歐洲和北美的庭園，目前已成為世界上種植最廣泛的櫻花。

2. **曲枝垂柳**
學名：*Salix babylonica var. pekinensis 'Tortuosa'*
高度：15公尺
垂柳原生於中國和韓國，曲枝垂柳是人工培育品種，培植出像蛇一樣扭曲的莖部。特別的外觀也賦予這種樹許多俗名，包括龍爪柳和螺旋柳等。

3. **酸蘋果樹**
學名：*Malus 'Evereste'*
高度：5公尺
這種嬌小的觀賞型樹木源自中亞，象徵愛和婚姻。主要是為了觀賞冬天結出的大量酸蘋果而栽種在庭園中。

圖書室

索引

智利南洋杉 *Araucaria araucana*; monkey puzzle
無花果 *Ficus carica*; fig
無梗花櫟* *Quercus petraea*; sessile oak, Irish oak
道格拉斯槲寄生* *Arceuthobium douglasii*; Douglas fir dwarf mistletoe
凱梅斯橡木* *Quercus coccifera*; kermes oak
猢猻木 *Adansonia digitata*; Baobab
硬葉林 sclerophyllous
菌根 mycorrhizae
雲杉 *Picea* spp.
黃柳桉 *Shorea faguetiana*; Yellow Meranti
黑松露 *Tuber melanosporum*; black truffle
黑紫樹 *Nyssa sylvatica*; black tupelo
瑞士五針松* *Pinus monophylla*; single-leaf pinyon
奧地利松 *Pinus nigra*; black pine
新榆枯萎病菌* *Ophiostoma novo-ulmi*
新熱帶雨林 Neotropical rainforest
椴樹 *Tilia* spp.
楊桃 *Averrhoa carambola*; star fruit
楊樹 *Populus* spp.
榆樹 *Ulmus* spp.; elm
滇藏玉蘭 *Magnolia campbellii*; Campbell's magnolia
落雨松 *Taxodium* spp.
落葉松 *Larix* spp.
嘉利樹 *Carrierea calycina*; goat horn
瘧疾樹* *Acacia xanthophloea*; fever tree
榕樹 *Ficus* spp.
瑪土撒拉 Methuselah
蒙彼利埃槭* *Acer monspessulanum*; Montpellier maple
朔蓋 operculum
酸模樹* *Oxydendrum arboreum*; sourwood
酸蘋果樹 *Malus* 'Evereste'
銀毛椴* *Tilia tomentosa*; silver lime
銀杉* *Cathaya argyropylla*; Chinese silver fir
銀杏 *Ginkgo biloba*
鳳凰木 *Delonix regia*; flame tree
槭樹 *Acer* spp.
歐洲七葉樹 *Aesculus hippocastanum*; horse chestnut
歐洲山毛櫸 *Fagus sylvatica*; beech
歐洲大葉楊* *Populus grandidentata*; large-toothed aspen
歐洲朴樹 *Celtis australis*; hackberry
歐洲松 *Pinus sylvestris*; scots pine
歐洲紅豆杉* *Taxus baccata*; yew
歐洲梣樹 *Fraxinus excelsior*; ash
歐洲野牛 *Bison bonasus*; European bison
膠果* gumnut
銳葉木蘭 *Magnolia acuminata*; cucumber tree
黎巴嫩雪松 *Cedrus libani*

16劃以上

樹蕨 *Psaronius*; tree fern
樺樹 *Betula pendula*; silver birch
樺樹 *Betula* spp.
糖楓 *Acer saccharum*; sugar maple
蹄鼠 *Dasyprocta* spp.
錦熟黃楊 *Buxus sempervirens*; box
錫蘭肉桂 *Cinnamomum verum*; cinnamon
薛曼將軍樹 General Sherman
糙皮樺* *Betula utilis var. jacquemontii*; Himalayan birch
賽倫蓋提 Serengeti

檫樹 *Sassafras tzumu*
雞爪槭* *Acer palmatum* 'Atropurpureum'; purple Japanese maple
檸檬 *Citrus x limon*; lemon
癒傷木 *Guaiacum officinale*; lignum vitae
薰衣草 *Lavandula* spp.; lavender
藍果樹 *Nyssa* spp.
鵝掌楸；中國鬱金香 *Liriodendron chinense*; Chinese tulip
櫟屬 *Quercus* spp.
羅伯‧福鈞 Robert Fortune
羅漢柏 *Thujopsis dolabrata*; hiba arborvitae
譚衛道神父 Père Armand David
關山櫻 *Prunus* 'Kanzan'; Japanese flowering cherry
懸鈴木 *Platanus* spp.
鐘果桉* *Eucalyptus preissiana*; bell-fruited mallee
麵包樹 *Artocarpus altilis*; breadfruit
巒大杉 *Cunninghamia konishii*; Taiwanese China fir
顫楊 *Populus tremuloides*; quaking aspen, American aspen
鱗皮山核桃 *Carya ovata*; Shagbark Hickory
鹽膚木 sumac

編注：*為暫定譯名，在臺灣尚未有通用譯名

策展人簡介

東尼・柯克罕 Tony Kirkham
曾獲頒大英帝國勳章，照料英國皇家植物園1萬4千棵樹超過40年，2021年時以林園、花園、園藝服務處處長的身分退休。2019年獲頒英國皇家園藝學會維多利亞榮譽勳章。著有多本以樹木為主題的書籍，包括合著，也曾接受電視節目採訪，例如《茱蒂・丹契：我對樹木的熱愛》，並為BBC主持了兩季的紀錄片影集《造就不列顛之樹》。

凱蒂・史考特 Katie Scott
2011年自布萊頓大學畢業，在繪畫美學和主題方面，皆受傳統的醫學和植物插畫影響，作品翻玩科學的不確定性和推測，編織世界裡裡外外的運作，插畫則以充滿想像力的方式，描繪各種日常熟悉的圖像，包括植物、人類，和礦物。

延伸閱讀

美國針葉樹學會（American Conifer Society）
這個資料庫蒐集了世界各地針葉樹的資訊、照片、成長率、耐久度數據，和歷史資料。
www.conifersociety.org

古樹論壇（Ancient Tree Forum）
這個網站集結了不同背景和專業知識的人們，所有人都熱愛古樹和老樹，以及它們的相關歷史與大自然。
www.ancienttreeforum.org.uk

國際植物園保育協會
（Botanic Gardens Conservation International，BGCI）
BGCI出版了一份清單，收錄世界各地將近6萬種樹木，資訊由會員組織提供，宗旨為找出瀕臨絕種的樹木，並推動相關保育活動。
www.bgci.org

世界樹木聯盟
（Global Trees Campaign，GTC）
GTC於1999年創立，致力於保育世界上的瀕危野生樹木在原始棲地存活下去，已在超過50個國家拯救400種樹種。
www.globaltrees.org

國際樹木學會
（The International Dendrology Society）
學會的宗旨為推廣樹木和其他木本植物的研究和愛好，並匯聚全世界樹木學家之力，保育各地的珍稀和瀕危樹木。
www.dendrology.org

美國農業部植物資料庫
（US Department of Agriculture Plants）
本資料庫提供許多美國原生植物的資訊，包含特徵及分布等。
https://plants.usda.gov

林地信託基金會（The Woodland Trust）
英國最大的林地保育慈善組織，提供許多英國森林的資訊。
www.woodlandtrust.org.uk

英國皇家植物園
點進網址，瞭解英國皇家植物園在全球進行的科學協同研究，如何為解決人類面臨的重大環境挑戰作出重要貢獻。
www.kew.org
www.plantsoftheworldonline.org
www.kew.org/kew-gardens/plants
www.kew.org/science/

不列顛群島樹木名冊
（The Tree Register of the British Isles）
這是一個由志工經營的慈善組織，獨特的資料庫收錄了超過20萬種英國和愛爾蘭常見的樹木，記錄傳承到我們手中的珍貴樹木寶藏，以及6萬9千棵雄偉大樹的資訊。
www.treeregister.org

林奈學會（The Linnean Society）
世界上仍在運作的生物學會中歷史最悠久的一個，擁有豐富的線上蒐藏，可供研究和教學使用，也能瞭解林奈和分類學。
www.linnean.org

不朽之樹（Monumental Trees）
這個網站收錄超過5萬2千種樹，可以在此找到世界上所有大樹。
www.monumentaltrees.com

英國皇家園藝學會
（Royal Horticultural Society）
世界上首屈一指的園藝慈善組織，提供園藝相關資訊和活動。
https://www.rhs.org.uk/

喬木和灌木線上大百科
（Trees and Shrubs Online）
國際樹木學會發起的宏大計畫，試圖打造現代的溫帶木本植物線上百科，主要的資料來源為英國植物學家威廉・傑克森・比恩的《不列顛群島的喬木和灌木》。
www.Treesandshrubsonline.org